职业教育烹饪（餐饮）类专业"以工作过程为导向"
课程改革"纸数一体化"系列精品教材

PENGREN SHUXUE

烹饪数学

主　编　石　斌

副主编　陈容婧

参　编　（以姓氏笔画为序）

王　爽　苏晓丹　李　溯　李文萍

李世劲　降芸平　郭　钰　郭建芷

华中科技大学出版社
http://www.hustp.com
中国·武汉

内 容 简 介

本书是职业教育烹饪(餐饮)类专业"以工作过程为导向"课程改革"纸数一体化"系列精品教材。

本书共包括三个模块,即计量与计算、图形与统计、逻辑与统筹。本书配有丰富的数字资源,既可用于学生自学,还可用于教师教学。

本书适合于职业院校烹饪专业学生使用,也可供烹饪技能培训机构师生参考。通过学习本书,学生将在数学知识、专业结合和创业兴趣方面有所提高,获取从事餐饮行业岗位所需要的数学技能和知识。

图书在版编目(CIP)数据

烹饪数学/石斌主编.—武汉:华中科技大学出版社,2020.11
ISBN 978-7-5680-6716-4

Ⅰ.①烹… Ⅱ.①石… Ⅲ.①烹饪-应用数学-中等专业学校-教材 Ⅳ.①TS972.1-05

中国版本图书馆 CIP 数据核字(2020)第 265344 号

烹饪数学   石 斌 主编
Pengren Shuxue

策划编辑:汪飒婷
责任编辑:孙基寿
封面设计:原色设计
责任校对:李 琴
责任监印:周治超
出版发行:华中科技大学出版社(中国·武汉)   电话:(027)81321913
         武汉市东湖新技术开发区华工科技园   邮编:430223
录   排:华中科技大学惠友文印中心
印   刷:武汉科源印刷设计有限公司
开   本:889mm×1194mm 1/16
印   张:10.75
字   数:260 千字
版   次:2020 年 11 月第 1 版第 1 次印刷
定   价:39.80 元

职业教育烹饪（餐饮）类专业"以工作过程为导向"
课程改革"纸数一体化"系列精品教材

编委会

主任委员

郭延峰　北京市劲松职业高中校长
董振祥　大董餐饮投资有限公司董事长

副主任委员

刘雪峰　山东省城市服务技师学院中餐学院院长
刘铁锁　北京市延庆区第一职业学校校长
刘慧金　北京新城职业学校校长
赵　军　唐山市第一职业中专校长
李雪梅　张家口市职业技术教育中心校长
杨兴福　禄劝彝族苗族自治县职业高级中学校长
刘新云　大董餐饮投资有限公司人力资源总监

委　员

王为民　张晶京　范春玥　杨　辉　魏春龙
赵　静　向　军　刘寿华　吴玉忠　王蛰明
陈　清　侯广旭　罗睿欣　单　蕊

　　职业教育作为一种类型教育,其本质特征诚如我国职业教育界学者姜大源教授提出的"跨界论":职业教育是一种跨越职场和学场的"跨界"教育。

　　习近平总书记在十九大报告中指出,要"完善职业教育和培训体系,深化产教融合、校企合作",对职业教育的改革发展提出了明确要求。按照职业教育"五个对接"的要求,即专业与产业、职业岗位对接,专业课程内容与职业标准对接,教学过程与生产过程对接,学历证书与职业资格证书对接,职业教育与终身学习对接,深化人才培养模式改革,完善专业课程体系,是职业教育发展的应然之路。

　　国务院印发的《国家职业教育改革实施方案》(国发〔2019〕4 号)中强调,要借鉴"双元制"等模式,校企共同研究制定人才培养方案,及时将新技术、新工艺、新规范纳入教学标准和教学内容,建设一大批校企"双元"合作开发的国家规划教材,倡导使用新型活页式、工作手册式教材并配套开发信息化资源。

　　北京市劲松职业高中贯彻落实国家职业教育改革发展的方针和要求,与大董餐饮投资有限公司及 20 余家星级酒店深度合作,并联合北京、山东、河北等一批兄弟院校,历时两年,共同编写完成了这套"职业教育烹饪(餐饮)类专业'以工作过程为导向'课程改革'纸数一体化'系列精品教材"。教材编写经历了行业企业调研、人才培养方案修订、课程体系重构、课程标准修订、课程内容丰富与完善、数字资源开发与建设几个过程。其间,以北京市劲松职业高中为首的编写团队在十余年"以工作过程为导向"的课程改革基础上,根据行业新技术、新工艺、新标准以及职业教育新形势、新要求、新特点,以"跨界""整合"为学理支撑,产教深度融合,校企密切合作,审纲、审稿、论证、修改、完善,最终形成了本套教材。在编写过程中,编委会一直坚持科研引领,2018 年12 月,"中餐烹饪专业'三级融合'综合实训项目体系开发与实践"获得国家级教学成果奖二等奖,以培养综合职业能力为目标的"综合实训"项目在中餐烹饪、西餐烹饪、高星级酒店运营与管理专业的专业核心课程中均有体现。凸显"跨界""整合"特征的《烹饪语文》《烹饪数学》《中餐烹饪英语》《烹饪体育》等系列公共基础课职业模块教材是本套教材的另一特色和亮点。大董餐饮

Note

投资有限公司主持编写的相关教材,更是让本套教材锦上添花。

本套教材在课程开发基础上,立足于烹饪(餐饮)类复合型、创新型人才培养,以就业为导向,以学生为主体,注重"做中学""做中教",主要体现了以下特色。

1. 依据现代烹饪行业岗位能力要求,开发课程体系

遵循"以工作过程为导向"的课程改革理念,按照现代烹饪岗位能力要求,确定典型工作任务,并在此基础上对实际工作任务和内容进行教学化处理、加工与转化,开发出基于工作过程的理实一体化课程体系,让学生在真实的工作环境中,习得知识,掌握技能,培养综合职业能力。

2. 按照工作过程系统化的课程开发方法,设置学习单元

根据工作过程系统化的课程开发方法,以职业能力为主线,以岗位典型工作任务或案例为载体,按照由易到难、由基础到综合的逻辑顺序设置三个以上学习单元,体现了学习内容序化的系统性。

3. 对接现代烹饪行业和企业的职业标准,确定评价标准

针对现代烹饪行业的人才需求,融入现代烹饪企业岗位工作要求,对接行业和企业标准,培养学生的实际工作能力。在理实一体教学层面,夯实学生技能基础。在学习成果评价方面,融合烹饪职业技能鉴定标准,强化综合职业能力培养与评价。

4. 适应"互联网+"时代特点,开发活页式"纸数一体化"教材

专业核心课程的教材按新型活页式、工作手册式设计,图文并茂,并配套开发了整套数字资源,如关键技能操作视频、微课、课件、试题及相关拓展知识等,学生扫二维码即可自主学习。活页式及"纸数一体化"设计符合新时期学生学习特点。

本套教材不仅适合于职业院校餐饮类专业教学使用,还适用于相关社会职业技能培训。数字资源既可用于学生自学,还可用于教师教学。

本套教材是深度产教融合、校企合作的产物,是十余年"以工作过程为导向"的课程改革成果,是新时期职教复合型、创新型人才培养的重要载体。教材凝聚了众多行业企业专家、一线高技能人才、具有丰富教学经验的教师及各学校领导的心血。教材的出版必将极大地丰富北京市劲松职业高中餐饮服务特色高水平骨干专业群及大董餐饮文化学院建设内涵,提升专业群建设品质,也必将为其他兄弟院校的专业建设及人才培养提供重要支撑,同时,本套教材也是对落实国家"三教"改革要求的积极探索,教材中的不足之处还请各位专家、同仁批评指正! 我们也将在使用中不断总结、改进,期待本套教材能产生良好的育人效果。

职业教育烹饪(餐饮)类专业"以工作过程为导向"课程改革
"纸数一体化"系列精品教材编委会

　　本书是以教育部颁布的《中等职业学校数学课程标准》为依据,结合烹饪专业知识学习和岗位工作需要而开发的"职业模块"教材,是中等职业学校烹饪专业学生必修的公共基础课职业模块补充教材,适合开设烹饪专业的中等职业学校使用。

一、指导思想

　　本书精选了与烹饪专业有关的数学知识,紧密联系厨房岗位工作实际,指导并协助学生运用数学基础知识解决实际问题,了解基本的数学思想和数学思维。通过本书的学习,获取从事烹饪岗位工作所需的数学运算及逻辑思维、分类归纳能力,为学习专业知识、掌握职业技能、继续学习和发展奠定基础。

二、参考学时与内容结构

　　参考学时:36 学时。

　　课程遵循学生认知规律和职业成长规律,坚持理实一体,以实际应用为重点,强调紧密联系厨房岗位工作实际,激发学习兴趣和主动性,贴近专业与职业的实际需要。

　　本书采用模块—任务的编排形式,从简单到复杂,从微观到宏观,既涉及菜品制作、成本控制,又兼有经营管理等内容,将原理、方法、计算、数学思想融入学习任务中,有利于提高学生对于烹饪专业技能的理解力,培养学生的科学素养。

　　具体编排如下:

一级目录	二级目录	课程内容	学时
模块一 计量与计算	计量工具与单位换算	1. 烹饪常用计量(测量)工具与称量方法 2. 主辅料的配比与单位换算 3. 常用货币兑换与利率换算	3

续表

一级目录	二级目录	课程内容	学时
模块一 计量与计算	热量计算与营养搭配	1. 食物成分表及热量计算(2节) 2. 膳食营养搭配的数量关系(2节) 3. 糖尿病患者食谱编制(2节)	6
	归纳汇总与分类	1. 烹饪原料分类与归纳摆放(2节) 2. 宴席菜肴搭配与预估(3节) 3. 岗位配合的时间与效率(统筹)	6
模块二 图形与统计	图形应用	1. 立体图形与食材初加工 2. 轴对称在烹饪中的应用 3. 菜肴装饰的点、线、面、体 4. 黄金分割与盘饰美化	4
	数据填报与分析	1. 统计表的填报与分析(3节) 2. 菜品满意度调查与统计 3. 烹饪原料流水与统计	5
模块三 逻辑与统筹	厨房运营管理	1. 菜品成本控制与数据统计(2节) 2. 原料采购与保管保鲜(2节) 3. 上菜服务的配合与效率(2节)	6
	创业规划与统筹	1. 开办小微企业的要素统筹(2节) 2. 菜品开发与推销技巧(2节) 3. 创办小饭馆的投资收益分析(2节)	6

三、主要特色

第一,内容紧贴岗位工作实际,任务来自厨房案例。

第二,体现数学学科特点,倡导数学生活化、职业化、实用化。

第三,在数学学习和解决实际问题的过程中,融入科学思想、职业素养及通用能力的培养。

第四,提供信息化资源,学生可通过扫码观看。

本书适合中等职业学校中西餐烹饪专业学生使用,也可以供烹饪技能培训机构师生参考。通过学习,学生将在数学知识、专业结合和创业兴趣方面有所提高,获取从事餐饮行业岗位所需要的数学技能和知识。

本书由石斌担任主编,陈容婧担任副主编,参与编写的老师及其分工如下:第一章,苏晓丹;第二章,石斌;第三章,陈容婧;第四章,李文萍、李世劲;第五章,郭钰、李溯;第六章,郭建芷、陈容婧;第七章,王爽、降芸平。

由于时间仓促,编写能力有限,疏漏、错误在所难免,恳请各位读者提出宝贵意见!

编者

目录
CONTENTS

Note

模块一
计量与计算

按照餐饮企业菜品质量控制的要求，厨师要做到投料准确，合理控制成本。同时，还需要对菜品制作所使用原材料的采购，按照菜单和菜品要求进行规范配菜操作，这是保证菜品质量的基本要求。

模块一的内容包括菜谱主辅料配比、菜谱搭配的基础数学知识，介绍了常用计量工具和称量方法、主辅料配比和单位换算、常用货币兑换和利率换算，同时，还包括关于烹饪原料的分类和归纳方法、宴席菜肴的搭配种类和成本预估的相关知识，以及工作中的合理路线问题。这对厨师按照菜谱多角度进行实际操作，以及解决厨房中的实际问题具有重要的意义。

➡ 单元目标

（1）熟知厨房常用计量工具和计量单位，能够对厨房常用计量单位进行正确换算。

（2）能够根据汇率，进行各种货币之间的换算。

（3）能够根据顾客要求，计算宴席菜肴的搭配方案，并作出解释。

（4）能够合理选择衔接岗位的行走路线，提高工作效率。

（5）增强在生活和工作中应用数学知识合理分类和有序归纳的意识，提高数学运算等核心素养。

第一章

计量工具与单位换算

第一节 | 烹饪常用计量(测量)工具与称量方法

≡▶ **任务要求**

小劲是一名刚毕业的厨师,他在工作中逐渐发现,只有食材、调味料的配比达到最佳,菜品才能色香味俱全,所以大家在学习烹饪菜肴前一定要了解称量工具,熟练掌握各种调味料和食材的称量方法。

≡▶ **学习目标**

(1)了解烹饪常用计量(测量)工具。

(2)熟练操作烹饪常用计量(测量)工具。

(3)增强学生的动手能力和认真观察、核准的意识。

≡▶ **知识积累**

一、烹饪计量的意义

在烹调时,决定菜肴口味的基础调味料,如盐、细砂糖、酱油等,如何控制它们的分量,才能使菜品味道达到最佳?虽然可随个人口味做不同的调整,但微小的差别也会影响菜肴最终的味道,为了保证菜肴的特色与质量,在烹饪准备和烹饪过程中一定要学会这些调味料、食材的计量方法。

二、常用的计量器具

(一)量匙(量勺)

量匙(量勺)是烹饪、烘焙时常用的专用器具。

一大匙(一汤匙)(图 1-1-1 右一)约等于 15 mL。

一小匙(一茶匙)(图 1-1-1 右二)约等于 5 mL。

1/2 小匙(图 1-1-1 右三)约等于 2.5 mL。

Note

1/4 小匙(图 1-1-1 左二)约等于 1.25 mL。

1. 颗粒或粉状调味料的量取方法　细砂糖、盐、面粉等颗粒或粉状调味料的标准量取,可先用一匙舀满,再以刮刀沿着汤匙边缘刮平,保持平匙的状态。

2. 1/2 大匙粉状调味料的量取方法　取一匙的量匙装满,然后用刮刀刮平表面,再以刮刀划分为两半,挖出一半分量。

3. 如何把握"适量"和"少许"　将粉状调味料(如盐)放在食指和中指前端,用大拇指顶住第二指节的位置,此状态约为 1/5 小匙的分量,这就是"适量",用大拇指顶住第一指节的位置,此状态约为 1/8 小匙,这就是"少许"。

4. 液体的量取　用量匙量取液体调味料时,须沿着量匙边缘慢慢倒入至满,这种状态就是一匙。1/2 匙差不多是一匙的 2/3 高度。

5. 奶油的量取　将奶油熔化后,一大匙(15 mL)约是固体 12 g 的量(图 1-1-2)。

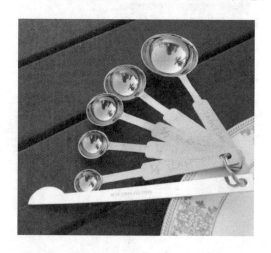

图 1-1-1

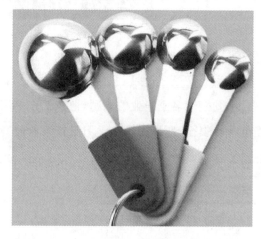

图 1-1-2

(二)计量杯

图 1-1-3 为电锅量米杯,图 1-1-4 为刻度量杯(一杯为 500 mL)。需要测量较多的液体或固体(如油、高汤、面粉等)时,必须将量杯置于平坦的地方,按所需的量将原料倒入,眼睛正对侧面的刻度线,平视观察读出刻度数。

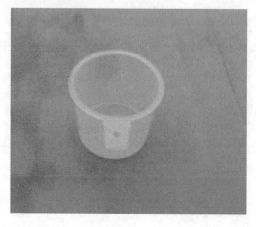

图 1-1-3

图 1-1-4

（三）电子秤

电子秤如图 1-1-5 所示。电子秤的功能和操作方法如下。

（1）置零键 称过一种物品后，下次称不同的物品时，将其"置零"，电子秤会重新计量、计价。

（2）去皮键

①去皮功能 将包装袋置于秤盘上时，按去皮键，去皮灯亮，显示器显示为零，此时，再拿掉包装袋，去皮灯亮，零位灯也亮，显示器显示出负的皮的重量。

图 1-1-5

②改变皮重 将新的包装袋置于秤盘上，按去皮键，则自动改变了皮重。

③清除皮重功能 拿掉秤盘上重物，然后按去皮键，则皮重自动清除，需要注意的是，当使用另一专用秤盘时，不能将其放在原秤盘上并在去皮状态下长期使用，因为这会使零位自动跟踪功能丧失而引入零位漂移，影响秤的准确度。正确的做法是将原秤盘换上新的专用秤盘后再开启电源，使零位指示灯亮。

（3）数字键

①置入价格 直接按数字键即可置入价格，置入新价格时，原有价格即自动清除。

②具体操作 将物品置于秤盘上并置入价格，重量、价格、金额显示窗会显示相应的数字，当重量超过满秤时，会出现超重符号"OF"，当金额超过六位数时，金额显示窗会自动熄灭。

（4）累计键 当商品放在秤盘上并置入价格时，金额会自动显示出来。当需要累计金额时，可按累计键，这时在价格窗和金额窗分别显示累计次数和累计金额，而重量窗则不显示。累计次数可达 99 次，金额累计为 9999.99 元，超量时有报警信号。若按清除键，累计总金额可被清除。

任务实施

例一

按照表 1-1-1 选取合适的计量工具，根据下列要求准备一份面包食材。

表 1-1-1 面包食材

序号	类型	重量/g	牛奶/mL	鸡蛋/个	水或牛奶/mL	黄油	盐	糖	高筋面粉	全麦粉	脱脂奶粉
1	普通面包	750	260			3 大勺	0.5 小勺	3 大勺	3 杯		1 大勺
		900	320			3.5 大勺	0.5 小勺	4 大勺	3.5 杯		2 大勺
2	法式面包	750	100	2		5 大勺	0.5 小勺	5 大勺	2.5 杯		
		900	100	3		6 大勺	0.5 小勺	6 大勺	3 杯		
3	全麦面包	750			240	3 大勺	0.3 小勺	3 大勺	1.5 杯	1.5 杯	1.5 大勺
		900			280	3.5 大勺	0.5 小勺	4 大勺	1.75 杯	1.75 杯	2 大勺

续表

序号	类型	重量/g	牛奶/mL	鸡蛋/个	水或牛奶/mL	黄油	盐	糖	高筋面粉	全麦粉	脱脂奶粉
4	快速面包	750		2	240	2大勺	1小勺	2大勺	3杯		2大勺
		900		3	310	3大勺	1小勺	2大勺	4杯		3大勺
5	甜面包	750	240	1		3大勺	0.5小勺	2大勺	3杯		2大勺
		900	280	2		3.5大勺	0.5小勺	3大勺	3.5杯		2.5大勺
6	特快面包	750			250	2大勺	0.5小勺	1.5大勺	2.75杯		
7	发面团	水,250 mL;油,2大勺(可选);盐,1小勺(可选);高筋面粉,2.75杯;酵母,0.5小勺									
8	果酱	草莓或菠萝(糊状),3杯;糖,0.75杯;淀粉,1杯									
9	蛋糕	黄油,2大勺;糖,8大勺;鸡蛋,6个;吉士粉,1小勺;自发面粉,2杯;柠檬汁,1.3大勺;酵母,1小勺									
10	欧式面包	750			250	2大勺	0.5小勺	2大勺	3杯	2大勺	
		900			330	3大勺	0.5小勺	3大勺	3.75杯	2大勺	

任务 1 根据表 1-1-1 准备一份 750 g 法式面包的食材。

任务 2 根据表 1-1-1 准备一份 750 g 全麦面包的食材。

任务 3 根据表 1-1-1 准备一份普通面包的食材。

每个小组从三个任务中任选一个完成。

图 1-1-6

1. 实施任务 按主料的多少称出辅料的用量。确定选取的计量工具,说出计量方法,进行实际操作。

2. 实施思路

(1) 选取合适的测量工具:量杯,大勺,小勺。

(2) 操作时注意粉状调料(图 1-1-6)和液体的量取。

例二

家庭烤面包所需食材如下。主料:高筋面粉 450 g、汤种 160 g、细砂糖 40 g、盐 5 g、活性干酵母 3 g、清水 100 g、黄油 50 g。配料:马苏里拉奶酪 30 g。

1. 实施任务 使用电子秤,准备家庭烤面包所需食材。

2. 实施思路 复习电子秤操作方法,特别是去皮键的正确使用。

≡▶ 评价检测

1. 评价表 见表 1-1-2。

Note

表 1-1-2　任务评价表

评价内容及标准	赋　分	等级（请在相应位置画钩）			
		优秀	较优秀	合格	待合格
公式选用正确	25	25	20	15	10
分析、代入正确	25	25	20	15	10
计算准确、快速	25	25	20	15	10
结果正确、符合实际	25	25	20	15	10
总分	100	实际得分：			

2. 测一测

（1）使用电子秤称一称一大匙糖大约多少克，一小匙盐大约多少克。

（2）使用电子秤称一称 100 mL 牛奶大约多少克，100 mL 食用油大约多少克。

≡▶ 小结提升

食材的称量离不开称量工具，根据食物配方选择适当的称量工具是厨师必备的技能。无论使用什么样的称量工具都离不开多次练习，只有足够熟练才能知道一大匙糖、一小匙盐大概是多少克，100 mL 牛奶、100 mL 食用油大约是多少克。

经过今天的学习，你有什么学习体会，请写下来：

≡▶ 拓展练习

在没有量匙和量杯的情况下，能否用电子秤量取一份重量为 750 g 的普通面包的各种原料，请你尝试，并向大家介绍具体方法。

第二节　主辅料的配比与单位换算

≡▶ 任务要求

周末中餐班高一学生小劲准备为全家做鱼头豆腐煲（图 1-2-1），现有鱼头约半斤重，小劲需要准备多少豆腐和木耳? 请根据现有的食材计算出主辅料的质量配比。

图 1-2-1

≡▶ 学习目标

(1) 了解主辅料的质量配比关系,快速、准确地计算出各种菜谱主辅料的质量配比。

(2) 了解常用单位换算,快速、准确地进行常用单位换算。

(3) 增强学生根据实际情况活学活用的能力。

≡▶ 知识积累

一、通过网络查找所需数据

(1) 在电脑上打开浏览器(搜索引擎:搜狗、百度等,推荐使用搜狗)。

(2) 输入关键词:豆腐鱼头成分配比表。

(3) 检索结果 见表 1-2-1。

表 1-2-1 菜品配料

菜品名称	配料 1	配料 2	配料 3
鱼头豆腐煲	鱼头 1 斤	豆腐 4 两	木耳 1 两

图 1-2-2

二、主辅料质量配比计算方法

(一) 统一单位

1 斤(500 g)=10 两;1 两=10 钱。

(二) 列出比例式

设需要豆腐 x 两,则根据表 1-2-1 可列出以下算式。$10:4=5:x$,得到 $x=2$。设需要木耳 y 两,则根据表 1-2-1 可列出以下算式。$10:1=5:y$,得到 $y=0.5$。

所以半斤鱼头需要 2 两豆腐,0.5 两(5 钱)木耳(图 1-2-2)。

例：小松要做腰果炒虾仁（表1-2-2），现有虾仁1斤，需要准备的配料中腰果、黄瓜、胡萝卜各多少？

表 1-2-2　菜品配料

菜品名称	配料1	配料2	配料3	配料4
腰果炒虾仁	虾仁4两	腰果1两（30个）	黄瓜4两	胡萝卜1两

解：

（1）将单位统一为两。

（2）根据表1-2-2列出比例式。

设需要腰果 x 两，则 $4:1=10:x$，解得 $x=2.5$。

设需要黄瓜 y 两，则 $4:4=10:y$，解得 $y=10$。

设需要胡萝卜 z 两，则 $4:1=10:z$，解得 $z=2.5$。

所以需要腰果2.5两，黄瓜1斤，胡萝卜2.5两。

三、步骤分析

（1）根据情况统一单位。

（2）列比例式计算。

≡▶ 任务实施

任务1　今天小劲的妈妈准备给小劲做一道沸腾水煮鱼（表1-2-3），现有鱼肉1.5斤，妈妈让小劲算一算需要准备的鱼骨、黄豆芽、海带各为多少。

表 1-2-3　菜品配料

菜品名称	配料1	配料2	配料3	配料4
沸腾水煮鱼	鱼肉1斤	鱼骨3两	黄豆芽5两	海带5两

实施思路：

（1）准备菜肴的主料和辅料。

（2）根据主辅料质量配比计算出所需辅料的数量。

任务2　今天小松的妈妈准备给小松做一道浓汤浸鱼丸，配料见表1-2-4，妈妈让小松算一算需要准备的日本豆腐、油菜心、木耳各为多少。

表 1-2-4　菜品配料

菜品名称	配料1	配料2	配料3	配料4
浓汤浸鱼丸	鱼丸25个	日本豆腐2根	油菜心3个	木耳5片

实施思路:按主料的多少计算出辅料的用量。

≡▶ 评价检测

1. 评价表　见表1-2-5。

表1-2-5　评价表

评价内容及标准	赋　分	等级(请在相应位置画钩)			
		优秀	较优秀	合格	待合格
公式选用正确	25	25	20	15	10
分析、代入正确	25	25	20	15	10
计算准确、快速	25	25	20	15	10
结果正确、符合实际	25	25	20	15	10
总分	100	实际得分:			

2. 测一测　今天小劲的妈妈准备给小劲做一道滋补牛尾汤(表1-2-6),现有牛尾1斤,妈妈让小劲算一算需要准备大枣、枸杞子、油菜心各多少。

表1-2-6　滋补牛尾汤

菜品名称	配料1	配料2	配料3	配料4
滋补牛尾汤	牛尾6两	大枣8瓣	枸杞子10粒	油菜心3个

≡▶ 小结提升

主辅料计算步骤:

(1) 统一单位。

(2) 列出比例式并计算。

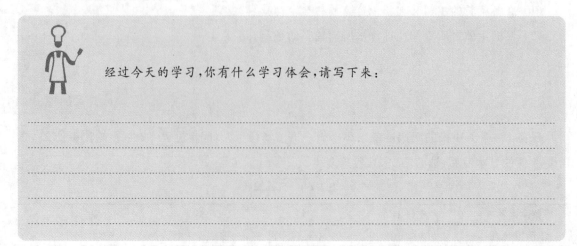

经过今天的学习,你有什么学习体会,请写下来:

≡▶ **知识链接**

体积和容量计量单位的快速换算

在进行主辅料配比时,需要换算液体容积或质量,以及西餐计量单位之间的换算,可利用相关网站(如 www.ip138.com)进行查询。

第三节　常用货币兑换与利率换算

≡▶ **任务要求**

学生小劲经过一年的实习,因为各方面表现出色,被五星级宾馆中餐厅留用,实习期间小劲接触到来自世界各地的人,见识了各国货币。如何才能迅速地进行人民币与国际通用货币的换算呢? 如何查询汇率? 这是小劲迫切需要掌握的知识。

≡▶ **学习目标**

(1) 了解世界流通的货币有哪些。

(2) 了解查询汇率的方法。

(3) 能进行国际通用货币与人民币的换算。

(4) 能关注本地和国际接轨对业务的需求。

≡▶ **知识积累**

一位美国客人到全聚德烤鸭店吃烤鸭,一套烤鸭 188 元,盐水鸭肝 38 元,鸭架汤 18 元,一共消费 244 元人民币,餐后客人拿出美元付费,请问应该怎么收取客人的餐费?

一、通过网络快速准确地查找所需要的数据

(1) 在电脑上打开浏览器(搜索引擎:搜狗、百度等,推荐使用搜狗)。

(2) 输入关键词:美元与人民币的汇率。

(3) 检索。

(4) 货币兑换。例如:1 美元＝6.3300 人民币;1 人民币＝0.1580 美元。

二、认识世界储备货币

(一) 全球流通的四大货币

1. 美元　美元在新、旧世界货币体系中仍占据主导地位。

2. 欧元　欧元已经成功在欧洲登陆,其影响力会越来越大,加入国也会越来越多,今后欧元发展的成功与否,对其他地区性货币的产生有直接的推动或阻碍作用。

3. 英镑　老牌资本主义帝国货币,在英联邦中地位不可动摇。

4. 日元　世界第二经济体的货币。

（二）后起之秀人民币

中国经济的强劲增长使世界对中国刮目相看。环球银行金融电信协会数据显示,2015 全球十大支付货币排名,前三名没有悬念,分别是美元、欧元、英镑。可喜的是人民币从第七位上升至第五位。

表 1-3-1 是 2015 全球十大支付货币排名的详情。

表 1-3-1　　2015 全球十大支付货币排名

排　　名	支付货币	所占比例	排　　名	支付货币	所占比例
1	美元	42.08%	6	澳元	1.99%
2	欧元	31.24%	7	加元	1.66%
3	英镑	8.81%	8	瑞郎	1.27%
4	日元	2.38%	9	港元	1.12%
5	人民币	2.03%	10	新加坡元	0.89%

（三）世界主要货币的符号

£英镑　　　　¥人民币　　　　€欧元　　　　$美元

三、美国货币

美国货币单位为美元,1 美元等于 100 美分,纸币面额最小为 1 美元,1 美元以下用硬币,硬币有 25 美分、10 美分、5 美分、1 美分等。

四、欧元区国家的货币

欧元纸币有 7 种面值,分别为 5 欧元、10 欧元、20 欧元、50 欧元、100 欧元、200 欧元、500 欧元,尺寸和颜色各不相同。每种面值的纸币都显示一种欧洲建筑、一张欧洲地图和欧洲旗帜。

欧元硬币有 8 种面值,分别为 1 分、2 分、5 分、10 分、20 分、50 分、1 元、2 元欧元区国家的硬币有一面相同的图案,另一面则不相同。

五、汇率的计算方法

一位美国客人到全聚德烤鸭店吃烤鸭,一套烤鸭 188 元,百果时蔬 38 元,鸭架汤 18 元,一共消费人民币 244 元,餐后客人拿出美元付费。一套烤鸭、百果时蔬、鸭架汤分别折合多少美元?客人应付餐费多少美元?

第一步　查汇率,当日汇率为 1 元＝0.1580 美元。

第二步　244 元人民币转换为美元:244 元×0.1580 美元/元＝38.55 美元。计算(精确到 0.01)。

一套烤鸭折合成美元:188×0.1580＝29.70(美元)。

百果时蔬折合成美元:38×0.1580＝6.00(美元)。

鸭架汤折合成美元:18×0.1580＝2.84(美元)。

第三步　合计:29.70＋6.00＋2.84＝38.54(美元)。

答:客人应该付 38.54 美元。其中:一套烤鸭折合 29.70 美元;百果时蔬折合 6 美元;鸭架汤折合 2.84 美元。

≡▶ 任务实施

　　小劲和小松准备采购 10 斤牛肉,10 斤鸡蛋,10 斤土豆,按照当日的市场价,一共花费人民币多少元？折合美元多少？欧元多少？日元多少？

　　实施思路:

　　(1) 查询采购原料的市场价。

　　(2) 通过网络查询汇率。

　　(3) 完成计算。

≡▶ 评价检测

　　1. 评价表　见表 1-3-2。

表 1-3-2　评价表

评价内容及标准	赋　　分	等级（请在相应位置画钩）			
		优秀	较优秀	合格	待合格
公式选用正确	25	25	20	15	10
分析、代入正确	25	25	20	15	10
计算准确、快速	25	25	20	15	10
结果正确、符合实际	25	25	20	15	10
总分	100	实际得分：			

　　2. 测一测　一位法国客人到全聚德烤鸭店吃烤鸭,一套烤鸭 188 元,百果时蔬 38 元,鸭架汤 18 元,一共消费人民币 244 元。一套烤鸭、百果时蔬、鸭架汤分别折合多少欧元？客人应付餐费多少欧元？

　　第一步　查询欧元和人民币(元)的当日汇率:1 元＝0.1286 欧元;1 欧元＝7.7777 元。

　　第二步　计算(精确到 0.01)。

　　一套烤鸭折合成欧元:188×0.1286＝24.18(欧元)。

　　百果时蔬折合成欧元:38×0.1286＝4.89(欧元)。

　　鸭架汤折合成欧元:18×0.1286＝2.31(欧元)。

　　第三步　总计。

　　24.18＋4.89＋2.31＝31.38(欧元)

　　答:一套烤鸭折合 24.18 欧元;百果时蔬折合 4.89 欧元;鸭架汤折合 2.31 欧元。一共付餐费 31.38 欧元。

≡▶ 小结提升

货币换算：

（1）查汇率。

（2）算价钱。

（3）货币换算需要大家平时注意积累货币知识，熟知世界主要货币及符号，货币换算过程中需要查当天的汇率再进行换算。

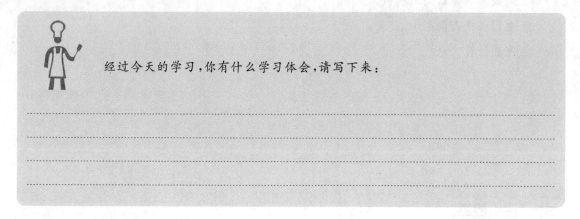

经过今天的学习，你有什么学习体会，请写下来：

≡▶ 拓展练习

实例解决　小松到家附近的麦当劳吃午餐，他点了一份超值午餐 18 元和一份鸡翅 10 元，一共消费 28 元。

（1）如果用美元支付小松应该支付多少美元？

（2）如果小松恰好有一张 20 美元的纸币，但希望商家找零给他人民币，商家需要找他多少人民币？

≡▶ 知识链接

各国之间货币的汇率是时时变换的，所以当你要进行货币兑换时，可以进行汇率查询（参考 www.ip138.com）。

第二章

热量计算与营养搭配

第一节 食物成分表及热量计算

≡▶ 任务要求

为到店顾客进行菜品热量的分析,提出搭配建议,用科学的数据服务顾客。

一位到店女顾客,年龄 16 岁,早餐点了以下食物:一个煮鸡蛋 50 g、一杯牛奶 250 g、两片面包 100 g 和一个苹果 100 g。请问:这些食物能满足这位顾客一上午的热量需求吗?

请计算一道菜或一份配餐的热量。

≡▶ 学习目标

(1) 知道营养素与热量单位的关系。

(2) 知道食品营养成分表的数据意义。

(3) 能借助互联网或文本资料准确查找食物营养素热量数据。

(4) 能用热量计算法快速、准确计算出各种食品、菜肴、套餐的热量。

(5) 增强服务意识,学会用数据为顾客作出解释。

≡▶ 知识积累

一、营养素与能量系数

营养素是指能给人体提供能量或具有生理调节功能的物质(图 2-1-1)。

(1) **热量单位**　表示热量的计量单位,1 kcal＝1000 cal。

(2) **能量系数**　1 g 营养素在体内氧化所产生热量,其单位为 kcal/g。

(3) 三类产热营养素及能量系数如下。

图 2-1-1

三大产热营养素名称	能量系数
糖类（碳水化合物）	4 kcal/g
脂肪	9 kcal/g
蛋白质	4 kcal/g

（4）三餐热量合理分配的比例如下。

早餐占每日总热量 30%。

午餐占每日总热量 40%。

晚餐占每日总热量 30%。

二、数据的查询与采集

（一）食物成分表

食物营养成分数据是重要的营养信息资源，由中国疾病预防控制中心营养与食品安全所编著的《中国食物成分表》（第二版）详细介绍了 21 大类、2500 余个食物项目，近五万个数据。依据这些数据，可以获得科学准确的食物营养信息，其中包括最常用的三大营养素和人体所需维生素等相关数据，数据准确且方便查询。

（二）网络信息查询常用方法

（1）在电脑或手机上打开浏览器。

（2）输入关键词：食物名称＋空格键＋热量。

（3）点击"搜索"，可直接查出 100 g 食物产生的热量。例如：

输入"面包"＋空格键＋"热量"，可以查出每 100 g 面包热量为 312 kcal。

输入"苹果"＋空格键＋"热量"，可以查出每 100 g 苹果热量为 54 kcal。

输入"鸡蛋"＋空格键＋"热量"，可以查出每 100 g 鸡蛋热量为 144 kcal。

（4）输入关键词：食物名称＋空格键＋营养成分表，搜索后可得到食物营养成分数据，例如每 100 g 面包的营养成分（普通面包）如下。

热量	312 kcal
蛋白质	8.3 g
脂肪	5.1 g
糖类	58.6 g
膳食纤维	0.5 g
硫胺素	0.03 mg
核黄素	0.06 mg
维生素 E	1.66 mg
烟酸	1.7 mg
钙	49 mg

（5）筛选出需要的信息，例如糖类、脂肪和蛋白质的含量数值，为计算做好数据准备。

三、热量的计算

（一）快速计算女顾客一份早餐的热量

第一步　查到 100 g 鸡蛋提供的热量为 144 kcal。一个煮鸡蛋 50 g，提供的热量为 144 kcal/2＝72 kcal。

查到 100 g 牛奶提供的热量为 54 kcal。一杯 250 g 牛奶提供的热量为 54 kcal/100 g×250 g＝135 kcal。

查到 100 g（两片）面包提供热量为 312 kcal。

查到 100 g 苹果提供热量为 54 kcal。

第二步　总计：72＋135＋312＋54＝573（kcal）。

采用查食物成分表，直接进行快速计算的方法，既简便又实用。

（二）根据食物成分表进行食物热量精确计算

例 1　一袋普通牛奶（250 g）的热量是多少？

1. 解

（1）查食物成分表得到：100 g 牛奶含糖 3.4 g、脂肪 3.2 g、蛋白质 3.0 g。

（2）糖类：4 kcal/g ×3.4 g＝13.6 kcal。

脂肪：9 kcal/g×3.2 g＝28.8 kcal。

蛋白质：4 kcal/g×3.0 g＝12.0 kcal。

（3）100 g 牛奶提供热量为 13.6 kcal＋28.8 kcal＋12.0 kcal＝54.4 kcal。

一袋牛奶（250 g）提供热量为 54.4 kcal/100 g×250 g＝136 kcal。比快速计算法更精确。

2. 计算要领

（1）记住三类产热营养素的能量系数，糖类、脂肪、蛋白质的能量系数分别为 4、9、4 kcal/g。

（2）查询食物成分表，找到三类产热营养素的含量。

（3）再将三类产热营养素的能量系数与三类产热营养素的含量分别相乘，然后相加得到 100 g 食物产生的热量。

（4）最后乘以食物能量系数，算出食物的热量。

例 2　一盒普通酸奶 250 g，可提供多少热量、多少钙？

1. 解

查食物成分表得知，每 100 g 酸奶含蛋白质 3.2 g、脂肪 2.2 g、糖类 7.3 g、钙 118 mg。

（1）100 g 酸奶提供热量：4×3.2＋9×2.2＋4×7.3＝12.8＋19.8＋29.2＝61.8（kcal）

（2）250 g 酸奶提供热量：61.8×2.5＝154.5（kcal）

（3）250 g 酸奶含钙量：118×2.5＝295（mg）

2. 问题解决　精确计算女顾客早餐所提供的热量。

一个煮鸡蛋（50 g）提供热量：144×0.5＝72（kcal）

一杯牛奶（250 g）提供热量：54×2.5＝135（kcal）

两片面包（100 g）提供热量：312（kcal）

一个苹果(100 g)提供热量:54 (kcal)

总热量:72+135+312+54=573 (kcal)

根据健康指标,16 岁女顾客一上午的热量需求为 2600×0.3=780 (kcal)。

女顾客早餐所提供的热量为 573 kcal,小于 780 kcal。

3. 结论　一个煮鸡蛋 50 g、一杯牛奶 250 g、两片面包 100 g 和一个苹果 100 g,这份早餐不能满足这位顾客一上午的热量需求。

图 2-1-2

≡▶ 任务实施

任务 1　某顾客点了一份宫保鸡丁(图 2-1-2),询问这道菜的热量是多少?请你根据菜肴成分,计算一份菜品的热量。其中主要原料有鸡肉 200 g,花生米 50 g。

实施思路如下。

(1)核查菜肴原料配比。

(2)查询主要原料的食物成分表,找出三大产热营养素的含量数据。

(3)进行所需原料的热量计算。

(4)完成这份菜品的热量计算。

(5)根据顾客(年龄、性别、体重、劳动强度)情况,分析是否满足热量需求。

任务 2　一位女士晚餐点了三个菜,两样主食,请你根据主副食原料的成分,计算一餐食物热量,并回答顾客的询问。

主食:米饭(粳米 100 g)、金银卷(富强粉 30 g、玉米面 20 g)。

菜品:酥炸鱼排(鳕鱼 80 g、菜籽油 5 g)、腐竹芹菜(芹菜茎 125 g、腐竹 20 g、菜籽油 5 g)、青椒土豆片(土豆 100 g、青柿子椒 30 g、菜籽油 5 g)。

按照任务实施步骤完成计算,并填入表 2-1-1。

表 2-1-1　热量计算

食物名称		食物原料构成	产热营养素含量/g			所吃食物产生热量/kcal
			蛋白质	脂肪	糖类	
主食	米饭	稻米(粳米,标四)100 g				
	金银卷	小麦粉(富强粉)30 g				
		玉米面(黄)20 g				

Note

续表

食物名称		食物原料构成	产热营养素含量/g			所吃食物产生
			蛋白质	脂肪	糖类	热量/kcal
菜品	酥炸鱼排	鳕鱼 80 g				
		菜籽油 5 g				
	腐竹芹菜	芹菜茎 125 g				
		腐竹 20 g				
		菜籽油 5 g				
	青椒土豆片	土豆 100 g				
		青柿子椒 30 g				
		菜籽油 5 g				
合计						

任务 3 一位男顾客,年龄 16 岁,每天需要热量 2800 kcal,其中早、午、晚餐分别提供热量比例为 3∶4∶3,如果他今天晚餐点了牛排 250 g、煮土豆 200 g、面包 50 g、苹果 150 g,能满足这位顾客的热量需求吗? 说明理由。需要如何调整? 请写出你的解决方案。

▶ 评价检测

1. 评价表 见表 2-1-2。

表 2-1-2 评价表

评价内容及标准	赋分	等级(请在相应位置画钩)			
		优秀	较优秀	合格	待合格
公式选用正确	25	25	20	15	10
分析、代入正确	25	25	20	15	10
计算准确、快速	25	25	20	15	10
结果正确、符合实际	25	25	20	15	10
总分	100	实际得分:			

2. 测一测 一份肉片炒油菜,其中瘦猪肉 100 g、油菜 200 g、油 10 g、淀粉 3 g,这份菜肴能提供热量 _____ kcal。

▶ 小结提升

食物热量计算步骤:"记—查—算—汇"。

(1) 记住三类产热营养素的能量系数(糖类 4 kcal/g,脂肪 9 kcal/g,蛋白质 4 kcal/g)。

(2) 查产热营养素含量(营养成分表)。

（3）算 100 g 食物热量。

（4）汇总所吃食物热量。

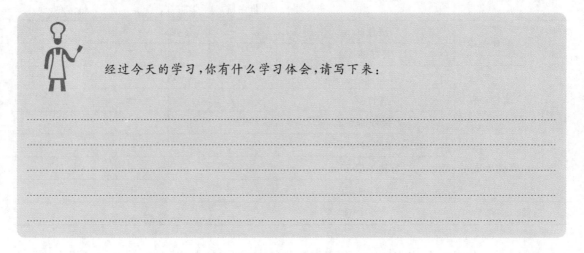

经过今天的学习，你有什么学习体会，请写下来：

....

....

....

....

≡▶ **拓展练习**

记录自己一天所吃食物的名称和数量，计算一天摄入食物产生的热量。🖥

判断一天膳食搭配提供热量的合理性，在网上与同学分享。

第二节　健康人群膳食搭配

≡▶ **任务要求**

健康人群因为性别、年龄、身高、体重、劳动强度等不同，对热量和营养素的实际需求也各不相同（图 2-2-1）。厨师也应当探究健康人群膳食搭配数量关系，进行科学搭配，用精准的数据为顾客提供个性化服务。有一位男顾客，从事中等体力活动，身高 176 cm，体重 80 kg，通过本节学习，你能精确计算出他全天总热量需要量及蛋白质需要量吗？

请你为他量身确定主、副食的品种和数量。

≡▶ **学习目标**

（1）了解全日、每餐热量摄取量和营养素供给量的计算方法和步骤。

（2）能运用全日、每餐热量摄取量和营养素供给量的计算方法和步骤，为健康人群进行食物数量的科学搭配。

（3）能够利用表格工具准确查找相关数据。

中国居民平衡膳食宝塔（2016）

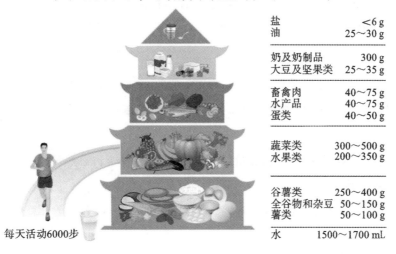

盐	<6 g
油	25～30 g
奶及奶制品	300 g
大豆及坚果类	25～35 g
畜禽肉	40～75 g
水产品	40～75 g
蛋类	40～50 g
蔬菜类	300～500 g
水果类	200～350 g
谷薯类	250～400 g
全谷物和杂豆	50～150 g
薯类	50～100 g
水	1500～1700 mL

每天活动6000步

图 2-2-1

（4）增强服务意识，耐心细致地计算出精准的数据，为顾客提供个性化服务。

≡▶ 知识积累

一、全日、每餐热量摄取量和营养素供给量的计算（方法和步骤）

（一）全日总热量需要量的计算方法

（1）标准体重（kg）＝身高（cm）－105。

（2）体质指数 BMI（kg/m²）＝实际体重（kg）/身高的平方（m²），体质指数的含义见表 2-2-1。

表 2-2-1　体型与 BMI 数值关系

体型	消瘦	正常	超重	肥胖	极度肥胖
BMI	<18.5	18.5～23	>23	25～30	>30

（3）全日总热量需要量＝单位标准体重热量需要量（kcal/kg）×标准体重（kg），成年人每日热量供给量见表 2-2-2。

表 2-2-2　成年人每日热量供给量（kcal/kg 标准体重）

体　　型	体力活动量			
	极轻体力活动	轻体力活动	中体力活动	重体力活动
<18.5 消瘦	30	35	40	40～45
18.5～23 正常	20～25	30	35	40
25～30 肥胖	15～20	20～25	30	35

例 1　某就餐者 40 岁，从事中等体力活动，身高 172 cm，体重 68 kg，计算其全日总热量需要量。

解：

（1）计算标准体重：172－105＝67（kg）。

（2）计算体质指数 BMI：$68 \div 1.72^2 = 23$。

（3）体质指数 BMI 为 23，在 $18.5 \sim 23$ 之间，体型正常。

（4）计算全日总热量需要量：$35 \times 67 = 2345$（kcal）。

（二）主要营养素供给量的计算

（1）三类产热营养素能量系数：糖类，4 kcal/g；脂肪，9 kcal/g；蛋白质，4 kcal/g。

（2）三餐热量分配比例：早餐占每日总热量的 30%；午餐占每日总热量的 40%；晚餐占每日总热量的 30%。

（3）三类产热营养素每餐应提供能量（取中等值计算）：糖类占总热量的 60%；脂肪占总热量的 25%；蛋白质占总热量的 15%。

例 2　某位男士，中等体力活动，身高 176 cm，体重 80 kg。计算其全日总热量需要量及蛋白质需要量。

解：

（1）计算标准体重：$176 - 105 = 71$（kg）。

（2）计算体质指数 BMI：$80 \div 1.76^2 = 26$。

（3）体质指数 BMI 为 26，在 $25 \sim 30$ 之间，体型肥胖。

（4）根据表 2-2-2，计算全日总热量需要量：$30 \times 71 = 2130$（kcal）。

（5）计算蛋白质需要量：$2130 \times 15\% \div 4 = 80$（g）。

二、主、副食的品种、数量的确定

（一）主食的品种、数量的确定

主要根据各类主食选料中糖类的含量确定。

例 3　已知某中等体力活动者的早餐应含有糖类 108.2 g，如果早餐只吃面包一种主食，请确定所需面包的质量。

解：

查食物成分表得知，面包含糖类 53.2%。则所需面包的质量为

$$108.2 \div 53.2\% = 203.4 \text{（g）}$$

例 4　已知某中等体力活动者的晚餐应含有糖类 108.2 g，如果晚餐以烙饼、小米粥、馒头为主食，并分别提供 40%、10%、50% 的糖类，请确定所需三种主食的质量。

解：

查食物成分表得知，烙饼含糖类 51%，小米粥含糖类 8.4%，馒头含糖类 43.2%。由此可进行如下计算：

所需烙饼　　　　　$108.2 \times 40\% \div 51\% = 84.9$（g）

所需小米粥　　　　$108.2 \times 10\% \div 8.4\% = 128.8$（g）

所需馒头　　　　　$108.2 \times 50\% \div 43.2\% = 125.2$（g）

（二）副食品种、数量的确定

计算步骤如下。

（1）计算主食中含有的蛋白质质量。

（2）用应摄入的蛋白质质量减去主食中蛋白质质量，即为副食应提供的蛋白质质量。

（3）副食中蛋白质的 2/3 由动物性食物供给，1/3 由豆制品供给，据此可求出各自的蛋白质供给量。

（4）查表并计算各类动物性食物及豆制品的供给量。

（5）设计蔬菜的品种与数量。

例 5　某位男士，中等体力活动，身高 176 cm，体重 80 kg。如果午餐以米饭、馒头（富强粉）为主食，并分别提供 50% 的糖类，若只选择下列一种动物性食物和一种豆制品为副食，请分别计算各自的质量。（大米含糖类 77.6%、蛋白质 8.0%，富强粉含糖类 75.8%、蛋白质 9.5%；猪肉（背脊）中蛋白质的含量为 21.3%、牛肉（前腱）为 18.4%、鸡腿肉为 17.2%、鸡胸脯肉为 19.1%；豆腐（南）为 6.8%、豆腐（北）为 11.1%、豆腐干（熏）为 15.8%、素虾（炸）为 27.6%）

解：

（1）参照例 2 计算午餐应提供蛋白质。

$$2130 \times 40\% \times 15\% \div 4 = 31.95 \text{（g）}$$

（2）计算主食中含有的蛋白质质量。午餐需提供米饭

$$2130 \times 40\% \times 60\% \times 50\% \div 4 \div 77.6\% = 82.3 \text{（g）}$$

需提供馒头

$$2130 \times 40\% \times 60\% \times 50\% \div 4 \div 75.8\% = 84.3 \text{（g）}$$

查表得知，大米含蛋白质 8.0%，富强粉含蛋白质 9.5%，则主食中蛋白质含量为

$$82.3 \times 8.0\% + 84.3 \times 9.5\% = 14.59 \text{（g）}$$

（3）计算副食应提供的蛋白质质量。用应摄入的蛋白质质量减去主食中的蛋白质质量，副食中蛋白质质量应为

$$31.95 - 14.59 = 17.36 \text{（g）}$$

（4）副食中蛋白质的 2/3 应由动物性食物供给，1/3 应由豆制品供给，因此

　　动物性食物应含蛋白质：$17.36 \times 2/3 = 11.57$（g）

　　植物性食物应含蛋白质：$17.36 \times 1/3 = 5.79$（g）

（5）猪肉（背脊）、牛肉（前腱）、鸡腿肉、鸡胸脯肉共提供的蛋白质质量为 11.57 g，若只选择一种动物性食物，则分别为

　　猪肉（背脊）质量：$11.57 \div 21.3\% = 54.3$（g）

　　牛肉（前腱）质量：$11.57 \div 18.4\% = 62.9$（g）

　　鸡腿肉质量：$11.57 \div 17.2\% = 67.3$（g）

　　鸡胸脯肉质量：$11.57 \div 19.1\% = 60.6$（g）

（6）豆腐（南）、豆腐（北）、豆腐干（熏）、素虾（炸）提供的蛋白质总量为 5.79 g，若只选择一种豆制品，则分别为

　　豆腐（南）质量：$5.79 \div 6.8\% = 85.1$（g）

　　豆腐（北）质量：$5.79 \div 11.1\% = 52.2$（g）

豆腐干(熏)质量:5.79÷15.8%=36.6(g)

素虾(炸)质量:5.79÷27.6%=21.0(g)

据此再配以适量的蔬菜,即可设计出特定客人的营养食谱。

≡▶ 任务实施

任务 1 某位男士,中等体力活动,身高 176 cm,体重 80 kg。计算其全日总热量需要量。

实施建议:

(1) 计算标准体重:176－105＝_____(kg)。

(2) 计算体质指数 BMI:80÷1.76²＝_____。

(3) 体质指数 BMI 为_____,在_____之间,体型_____。

(4) 计算全日总热量需要量:_____×_____＝_____(kcal)。

任务 2 某位脑力劳动者,每日需 2400 kcal 热量,求其早、午、晚三餐各需要摄入多少热量?

实施建议:

早餐　　　　2400×30%＝_____(kcal)

午餐　　　　2400×40%＝_____(kcal)

晚餐　　　　2400×_____＝_____(kcal)

任务 3 某位男士,中等体力活动,身高 176 cm,体重 80 kg。如果午餐以米饭、馒头(富强粉)为主食,并分别提供 50% 的糖类,请尝试确定所需两种主食的质量。

实施建议:

(1) 计算标准体重:176－105＝_____(kg)。

(2) 计算体质指数 BMI:80÷1.76²＝_____。

(3) 体质指数 BMI 为_____,在 20～25 之间,体型_____。

(4) 计算全日总热量需要量:_____×_____＝2130(kcal)。

(5) 计算午餐需提供热量:2130×_____＝_____(kcal)。

(6) 计算午餐需提供糖类:_____×60%÷4＝_____(g)。

(7) 查食物成分表得知,大米含糖类 77.6%,富强粉含糖类 75.8%,则

所需大米　　_____×50%÷_____＝_____(g)

所需富强粉　_____×50%÷_____＝_____(g)

≡▶ 评价检测

1. 评价表　见表 2-2-3。

表 2-2-3　评价表

评价内容及标准	赋　分	等级(请在相应位置画钩)			
		优秀	较优秀	合格	待合格
公式选用正确	25	25	20	15	10
分析、代入正确	25	25	20	15	10

续表

评价内容及标准	赋 分	等级（请在相应位置画钩）			
		优秀	较优秀	合格	待合格
计算准确、快速	25	25	20	15	10
结果正确、符合实际	25	25	20	15	10
总分	100	实际得分：			

2. 测一测 已知某中等体力活动者的午餐应含有糖类 144.31 g，如果午餐以米饭、馒头（富强粉）为主食，并分别提供 50％的糖类，请确定所需两种主食的质量。

解：

查食物成分表得知 大米含糖类＿＿＿＿＿＿，富强粉含糖类＿＿＿＿＿＿，则

所需大米 144.31×＿＿＿＿＿÷＿＿＿＿＿＝＿＿＿＿＿（g）

所需富强粉 144.31×＿＿＿＿＿÷＿＿＿＿＿＝＿＿＿＿＿（g）

≡▶ 小结提升

1. 主食品种、数量的确定 主要根据各类主食选料中糖类的含量确定。

2. 副食品种、数量的确定 计算步骤如下。

（1）计算主食中含有的蛋白质质量。

（2）用应摄入的蛋白质质量减去主食中蛋白质质量，即为副食应提供的蛋白质质量。

（3）副食中蛋白质的 2/3 由动物性食物供给，1/3 由豆制品供给，据此可求出各自的蛋白质供给量。

（4）查表并计算各类动物性食物及豆制品的供给量。

（5）设计蔬菜的品种与数量。

经过今天的学习，你有什么学习体会，请写下来：

≡▶ 拓展练习

请选择营养素含量丰富的食物，精心搭配，以达到膳食平衡，制定一个一周的食谱。

≡▶ **知识链接**

给中学生(初中生)编制一份周一到周五营养午餐食谱

(1) 应遵循"营养、卫生、科学、合理"的原则,体现平衡膳食,做到一周各类营养素配比合理,以满足学生生长发育的需要。

(2) 主食做到粗细粮搭配。应尽量搭配五谷杂粮、豆类、薯类,提倡粗粮细作。除米饭外,每天搭配适量面食。

(3) 副食应做到动物性食物与豆制品、根茎菜、绿叶菜、瓜类、豆类、薯类及菌藻类合理搭配。蔬菜中绿色蔬菜占 2/3,红黄色蔬菜占 1/3。

①确定每日热量:2400 kcal。

②确定午餐热量:2400 kcal×40%=960 kcal。

③确定中学生午餐蛋白质需要量:960×15%÷4=36 (g)。

④推算午餐主要食物需要量:肉、蛋、奶、豆各多少。

(4) 制定学生营养餐食谱应掌握的要点。

①每周食谱不重样。

②目前中小学生普遍缺乏维生素 A、维生素 B_2、铁和钙,食谱应尽量选用这些营养素含量高的食物,如豆腐、鸭肝、鸡肝、海带、胡萝卜等。每周吃一次含铁丰富的动物内脏,如鸭肝、鸡肝等。为补充钙、碘,除经常提供含钙丰富的食物外,每周至少吃一次海带或者其他菌藻类食物。

③食谱制定要注意结合季节特点。

④合理搭配菜肴,以利进餐,如米饭和带汁的菜搭配,肉馅食物应配青菜。

(5) 考虑操作间的加工能力,保证食谱切实可行。

(6) 合理烹调,减少食物中营养成分的损失(表2-2-4)。

表 2-2-4　初中生营养午餐食谱

时 间	主 食	菜	汤和沙拉
周一	米饭、金银卷	糖醋排骨、素三丁、酸辣白菜	虾皮紫菜汤
周二	扬州炒饭、豆包	清蒸鱼、地三鲜、菠菜粉丝	水果沙拉
周三	贴饼子、蛋糕	红烧狮子头、香菇油菜、干煸四季豆	绿豆汤
周四	芝麻火烧、红豆饭	宫保鸡丁、家常豆腐、尖椒土豆丝	鸡蛋西红柿汤
周五	炒饼、馒头	蒜末油麦菜、松仁玉米、蚝油牛肉	酸辣汤

第三节　糖尿病患者食谱编制

≡▶ **任务要求**

糖尿病患者的饮食是一种需要计算能量和食物称重的饮食,具体操作时非常麻烦。应用食物交换份的方法,可以快速、简便地制定食谱。目前运用食物交换份法编制食谱已在国内外广泛使用。请你运用食物交换份法为糖尿病患者编制食谱。

≡▶ 学习目标

（1）了解食物交换份法编制食谱的方法、步骤。

（2）能够运用食物交换份法为糖尿病患者编制食谱。

（3）能够利用相关表格，准确查找数据。

（4）提高科学细致使用数据的能力，准确利用表格中数据进行食谱的编制。

≡▶ 知识积累

一、食物交换份法编制食谱的方法、步骤

（一）食物交换份法

食物交换份法将常用食物按照所含营养成分的特点分为主食类（谷类、米面类）、蔬菜类、水果类、鱼肉类（含豆制品）、乳类（含乳或豆类）、油脂类等六大类，并规定了每份食物的重量即食物交换份，各种食物的"交换份"重量不一样，但每个食物交换份可产生的热量基本相同（80～90 kcal），同类的每份食物中所含的蛋白质、脂肪、糖类也接近，只要确定一日膳食中各类食物的交换份数，就可以任意组成各种不同的食谱。各类食物 1 个食物交换份的营养素含量见表 2-3-1。

表 2-3-1　各类食物 1 个食物交换份的营养素含量

食 物 类 别	热量/kcal	糖类/g	蛋白质/g	脂肪/g
主食类（谷类、米面类）	90	19	2	0.5
蔬菜类	80	15	5	—
水果类	90	21	1	—
鱼肉类（含豆制品）	80	—	9	5
乳类（含乳或豆类）	90	6	4	5
油脂类	80	—	—	9

（二）食物交换份法编制食谱的方法和步骤

1. 根据患者全日总热量需要量确定各类食物的交换份数　根据患者的标准体重和不同体力劳动强度热量供给量标准计算出患者全日总热量需要量，再转换成饮食中各类食物的交换份数。具体见表 2-3-2。

表 2-3-2　不同能量需求饮食中各类食物的交换份数

热量/kcal	主食类/份	蔬菜类/份	鱼肉类/份	乳类/份	水果/份	油脂类/份	合计/份
1000	6	1	2	2	—	1	12
1200	7	1	3	2	—	1.5	14.5
1400	9	1	3	2	—	1.5	16.5
1600	9	1	4	2	1	1.5	18.5

续表

热量/kcal	主食类/份	蔬菜类/份	鱼肉类/份	乳类/份	水果/份	油脂类/份	合计/份
1800	11	1	4	2	1	2	21
2000	13	1	4.5	2	1	2	23.5
2200	15	1	4.5	2	1	2	25.5
2400	17	1	5	2	1	2	28

注：如没有吃水果，可增加一份主食，提供的能量相等。

2. 确定各餐各类食物的交换份数　早、中、晚餐的能量按 20%～30%、40%、30%～40%的比例分配。患者也可采用少食多餐、分散进食的方法(图 2-3-1)，以降低餐后血糖。

图 2-3-1

3. 确定品种和数量　查食物交换份数表，确定各餐具体的食物品种和数量。各类食物的交换份见表 2-3-3，所有食物的重量均指可食重量(净重)。

表 2-3-3　食物交换份表

食物类型	重量	食物举例
主食类 (谷类、米面类)	25 g	大米、小米、卷面、干玉米、绿豆、赤豆、芸豆、银耳、苏打饼干、面粉、通心粉、荞麦面、干粉条、藕粉
	30 g	切面
	35 g	馒头
	37.5 g	面包
	75 g	茨菇
	125 g	山药、土豆、藕、芋艿
	150 g	荸荠
	300 g	凉粉

续表

食物类型	重量	食 物 举 例
蔬菜类	500 g	白菜、青菜、鸡毛菜、菠菜、芹菜、韭菜、莴苣、西葫芦、冬瓜、黄瓜、苦瓜、茄子、番茄、绿豆芽、花菜、鲜蘑菇、金瓜、菜瓜、竹笋、鲜海带
	350 g	马兰头、油菜、南瓜、辣椒、萝卜、茭白、豆苗、丝瓜
	250 g	荷兰豆、扁豆、豇豆、四季豆、西蓝花
	200 g	蒜苗、胡萝卜、洋葱
	100 g	豌豆
水果类	750 g	西瓜
	300 g	草莓、阳桃
	250 g	鸭梨、杏、柠檬
	225 g	柚、枇杷
	200 g	橙、橘子、苹果、猕猴桃、菠萝、李子、桃子、樱桃
	125 g	柿子、鲜荔枝
	100 g	鲜枣
鱼肉类 （含豆制品）	15 g	猪肋条肉
	20 g	大苍肉松、瘦香肠
	25 g	瘦猪肉、猪大排、猪肝、猪小排
	50 g	鸡肉、鸭肉、瘦牛肉、瘦羊肉、猪舌、鸽子、鲳鱼、鲢鱼、豆腐干、香干
	55 g	鸡蛋、鸭蛋（中等大小）
	70 g	猪肚、猪心
	75 g	黄鱼、带鱼、鲫鱼、青鱼、青蟹
	100 g	鹌鹑、河虾、蛤蜊、兔肉、淡菜、目鱼、鱿鱼、老豆腐
	200 g	河蚌、蚬子、豆腐、豆腐脑
乳类 （含乳或豆类）	15 g	全脂牛奶
	20 g	豆浆粉、干黄豆
	25 g	脱脂牛奶
	100 mL	酸牛奶、半全脂牛奶
	200 mL	豆浆
油脂类	9 g	豆油、菜籽油、麻油、花生油
	12 g	核桃仁
	15 g	花生米、杏仁、芝麻酱、松子
	30 g	葵花子、南瓜子

4. 确定烹调方法 将各种食物合理搭配并确定烹调方法,制定一日食谱,例如,表 2-3-4 所列糖尿病患者一日食物选择举例,在一日食谱的基础上可进一步制定一周食谱,同类食物可互换。

表 2-3-4　糖尿病患者一日食物选择举例

餐次	食物交换份数	食物选择
早餐	4 份(谷类 2 份、乳类 2 份)	咸面包 75 g、牛奶 1 瓶(200 mL)
午餐	8.5 份(谷类 5 份、蔬菜类 0.5 份、鱼肉类 0.5 份、油脂类 1 份)	大米 125 g、油菜 150 g、牛肉 50 g、番茄 100 g、鸡蛋 1 只(50 g)、豆油 9 g
晚餐	8.5 份(同中餐)	面条 150 g、瘦肉 25 g、四季豆 125 g、青鱼 75 g、豆油 9 g

二、为糖尿病患者编制一日食谱

患者,女性,45 岁,身高 165 cm,体重 55 kg,从事行政工作。目前口服降糖药治疗,一般情况较好,无其他并发症。请应用食物交换份法为患者编制一份一日食谱。

(一)计算全日总热量需要量

(1)计算标准体重:165−105 ＝ 60 (kg)。

(2)计算体质指数 BMI:55÷1.65² ＝ 20。

(3)体质指数 BMI 为 20,在 18.5～23 之间,体型正常。

(4)根据表 2-2-2 计算全日总热量需要量:30×60 ＝ 1800 (kcal)。

(二)计算三类营养素供给量

根据三类营养素的能量系数及其在总热量中的适宜比例(见本章第二节)进行计算,具体如下。

糖类:1800×60%÷4 ＝ 270 (g)。

脂肪:1800×25%÷9 ＝ 50 (g)。

蛋白质:1800×15%÷4 ＝ 68 (g)。

(三)根据全日总热量需要量确定全天各类食物的交换份数(参考表 2-3-2)

按全天供给热量 1800 kcal 计算,共需要各类食物 21 份(表 2-3-5)。其中谷类 11 份、蔬菜 1 份、肉类 4 份、乳类 2 份、水果 1 份、油脂 2 份。

(四)将以上食物分配到一日三餐,确定各餐各类食物的交换份数

患者全日总热量需要量为 1800 kcal,膳食中总的食物交换份数为 21 份,按照早、中、晚各餐分别占全天总热量的 20%、40%、40% 计算三餐食物分配(表 2-3-5)。

表 2-3-5　三餐食物分配

食物类别	谷类	蔬菜	肉类	乳类	水果	油脂	合计/份
早餐(份)	2			2			4
中餐(份)	5	0.5	2		1	1	9.5
晚餐(份)	4	0.5	2			1	7.5
合计(份)	11	1	4	2	1	2	21

(1)查食物交换份表(表 2-3-3),确定各餐食物品种、数量,选择食物时应考虑食物供给情况

及患者的饮食习惯。将各种食物合理搭配并确定烹调方法,编制一日食谱。

(2)糖尿病患者一日食物举例见表 2-3-6。

表 2-3-6 糖尿病患者一日食物举例

餐 别	份 数	食 品	重量/g	糖类/g	蛋白质/g	脂肪/g
早餐	2	稀饭(大米)	50	35	3.2	0.8
	2	菜包子(菜不计)	50	35.2	4.4	0.2
	1	鸡蛋	50	0.8	6.9	5.5
		胡萝卜丝少许	不计			
中餐	5	米饭	125	87.5	8	2
	1.5	肉片炒菜花(瘦肉)	35	0.3	6	10.3
	1	炒黄豆芽	90	6.2	10	1.7
	1	烹调用豆油	9			9
晚餐	5	米饭	125	87.5	8	2
	1	红烧鲫鱼	115	0.3	13	3
	1	炒青菜	400	8.8	8	1.5
	1	烹调用豆油	9			9
总计	21.5			261.6	67.5	45
占总热量百分比				62.2	15.3	22.5

≡▶ **任务实施**

任务 某糖尿病患者,男性,54 岁,身高 172 cm,体重 70 kg,职业教师(轻体力活动),目前用胰岛素治疗,病情稳定。患者习惯每天喝一杯牛奶,吃一个水果。请运用食物交换份法为患者设计一份一日食谱。

实施建议如下。

(1)计算全天热量的供给量:＿＿＿＿＿＿＿＿＿＿＿＿＿＿＿＿＿＿＿＿

注:患者的标准体重(kg)＝身高(cm)－105。全日总热量需要量＝热量供给标准(kcal/(kg·d))×标准体重(kg)。

三类产热营养素供给量(g)。

糖类(占总热量的 60%)＝＿＿＿＿＿＿＿＿＿＿＿＿＿＿＿＿＿＿＿＿＿

脂肪(占总热量的 25%)＝＿＿＿＿＿＿＿＿＿＿＿＿＿＿＿＿＿＿＿＿＿

蛋白质(占总热量的 15%)＝＿＿＿＿＿＿＿＿＿＿＿＿＿＿＿＿＿＿＿＿

(2)确定各类食物的交换份数并分配到各餐,填在表 2-3-7 中。

表 2-3-7 患者一天食物交换份数

食物类别	合计/份	早餐/份	午餐/份	晚餐/份
谷类				
蔬菜				

续表

食物类别	合计/份	早餐/份	午餐/份	晚餐/份
水果				
瘦肉				
乳类				
油脂				
合计(份)				

以上食物提供热量约_____ kcal，糖类_____ g，蛋白质_____ g，脂肪_____ g（可参考表 2-3-5）(图 2-3-2)。

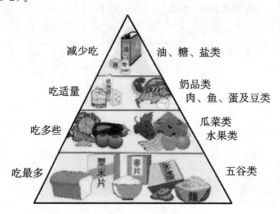

减少吃　　　油、糖、盐类

吃适量　　　奶品类
　　　　　　肉、鱼、蛋及豆类

吃多些　　　瓜菜类
　　　　　　水果类

吃最多　　　五谷类

图 2-3-2

（3）应用食物交换份法为患者设计一份一日食谱，填在表 2-3-8 中。

表 2-3-8　糖尿病患者一日食谱

餐次	饭菜名称	食物(原料)名称	食物重量/g
早餐			
午餐			
晚餐			

≡▶ 评价检测

1. 评价表　见表 2-3-9。

表 2-3-9　评价表

评价内容及标准	赋　分	等级（请在相应位置画钩）			
		优秀	较优秀	合格	待合格
公式选用正确	25	25	20	15	10
分析、代入正确	25	25	20	15	10
计算准确、快速	25	25	20	15	10
结果正确、符合实际	25	25	20	15	10
总分	100	实际得分：			

Note

2. 测一测 食物交换份法将常用食物按照所含营养成分的特点分为_____、_____、_____、_____、_____、_____等六大类。

≡▶ **小结提升**

运用食物交换份法为糖尿病患者编制食谱的方法和步骤如下。

（1）计算患者全日总热量需要量,确定全日各类食物的交换份数。

（2）确定各餐各类食物的交换份数。

（3）查食物交换份数表,确定各餐具体的食物品种和数量。

经过今天的学习,你有什么学习体会,请写下来:

≡▶ **拓展练习**

患者,女性,45 岁,身高 165 cm,体重 60 kg,从事办公室工作(轻体力活动)。目前口服降糖药治疗,一般情况较好,无其他并发症。请运用食物交换份法为患者编制一份一日食谱。

第三章

归纳汇总与分类

第一节 原料的分类与归纳(1)

任务要求

师傅给实习生小劲提出任务:这里有四道菜的原材料,请你把这些原材料按主料、配料、调辅料进行分类,做到不重不漏。

(1)菠萝咕噜肉:猪里脊肉、新鲜菠萝、鸡蛋、蒜、生抽、黄酒、盐、淀粉、胡椒粉、白醋、番茄酱、糖、干面粉、油。

(2)醋熘白菜:白菜、蒜、葱、姜、生抽、醋、盐、糖、花椒、辣椒。

(3)松鼠鳜鱼:鳜鱼、虾仁、青豌豆、笋丁、番茄酱、醋、糖、盐、料酒、蒜、淀粉。

(4)宫保鸡丁:鸡胸肉、花生、黄瓜、辣椒、蒜、葱、花椒、姜、醋、淀粉、料酒、酱油、糖、盐、油。

学习目标

(1)理解集合的概念,以及集合的三个特征。

(2)能准确判断元素与集合的关系。

(3)能够运用集合知识快速将原料进行分类。

(4)提升学生合理分类、有序归纳的能力。

知识积累

一、数学知识——集合

(一)集合的定义

由某些确定对象组成的整体叫作集合,集合中的这些对象叫作集合的元素。比如:葱、姜、蒜三种原料组成一个集合,记作 $A=\{葱,姜,蒜\}$,其中这三种原料都叫作集合 A 的元素。

(二)元素与集合的关系

给定一个集合 A:如果 a 是集合 A 的元素,就说 a 属于 A,记作 $a \in A$;如果 a 不是集合 A 的元素,就说 a 不属于 A,记作 $a\notin A$。比如,集合 $A=\{$菠萝咕噜肉的原材料$\}$,菠萝$\in A$,鸡肉$\notin A$。

（三）集合的特征

1. 确定性 对于任意一个元素,要么它属于某个指定集合,要么它不属于该集合,二者必居其一。

比如,{劲松职高高一年级身高大于 1.6 米的学生}可以构成一个集合,{劲松职高高一年级身高比较高的学生}不能构成一个集合。

2. 互异性 同一个集合中的元素是互不相同的。比如{1,2,3,3}不是一个集合。

3. 无序性 任意改变集合中元素的排列次序,它们仍然表示同一个集合。比如,{1,2,3}和{3,1,2}表示同一个集合。

例 1 判断下列对象能否组成集合? 如果可以,写出该集合;如果不可以,说出理由。

（1）比较小的正整数

（2）小于 6 的所有正整数

（3）咱们班视力好的同学

（4）咱们班不戴眼镜的同学

（5）制作凉拌苦瓜的所有原材料

（6）常见的六种蔬菜

例 2 用 $\in$、$\notin$ 填空。

（1）香蕉_____{蔬菜类}　　　（2）鸡肉_____{禽类}

（3）海蟹_____{鱼类}　　　（4）猪肝_____{动物性原料}

二、烹饪原料的分类

按来源属性分类,烹饪原料（图 3-1-1）可分为动物性原料（图 3-1-2、图 3-1-3）、植物性原料、矿物性原料、人工合成原料。

按加工与否分类,烹饪原料可分为鲜活原料、干货原料、复制品原料。

图 3-1-1　　　　　　　　　　　　　　　　　　　　图 3-1-2

按烹饪运用分类,烹饪原料可分为主配料(包括主料、配料)、调辅料(图 3-1-4)。

烹饪原料的分类如表 3-1-1 所示。

图 3-1-3　　　　　　　　　　　　　　　　　　　　图 3-1-4

表 3-1-1　烹饪原料

烹饪原料	主配料	植物性原料	粮食类
			蔬菜类
			果品类
		动物性原料	畜类(家畜类、畜肉制品等)
			禽类(家禽类、禽制品、蛋和蛋制品等)
			鱼类
			两栖爬行类
			低等动物类
	调辅料	调料	调味料
			调香料
			调色料
			调质料
		辅料	粮食类

按商品种类分类,烹饪原料可分为粮食、蔬菜、果品、肉类及肉制品、蛋奶、水产品、干货调味品等。

Note

≡▶ 任务实施

任务1 将如下原材料按主料、配料、调辅料进行分类，填在表3-1-2中，做到不重不漏。

菠萝咕噜肉：猪里脊肉、新鲜菠萝、鸡蛋、蒜、生抽、黄酒、盐、淀粉、胡椒粉、白醋、番茄酱、糖、干面粉、油。

醋熘白菜：白菜、蒜、葱、姜、生抽、醋、盐、糖、花椒、辣椒。

松鼠鳜鱼：鳜鱼、虾仁、青豌豆、笋丁、番茄酱、醋、糖、盐、料酒、蒜、淀粉。

宫保鸡丁：鸡胸肉、花生、黄瓜、辣椒、蒜、葱、花椒、姜、醋、淀粉、料酒、酱油、糖、盐、油。

实施思路：从第一道菜的原材料开始，依此填写到表格的相应位置中，重复的原材料只写一次。

表 3-1-2 原材料分类

主配料	主料	
	配料	
调辅料		

任务2 上网查找，在表3-1-3的每一类食材中分别写出3种原材料。之后，从这些原材料中挑选出一些，构成五个集合，填在表3-1-4中，使每个集合中的元素可以作为烹饪一道菜的原材料。（五个集合中的元素可以重复）

表 3-1-3 原材料

粮食类	
蔬菜类	
果品类	
畜类（家畜类、畜肉制品）	
禽类（家禽类、禽制品、蛋和蛋制品）	
鱼类	
两栖爬行类	
低等动物类	
调味料	
调香料	
调色料	
调质料	
粮食类	

表 3-1-4 一道菜的原料

原材料集合	所烹饪的菜品

实施思路:可以先思考要烹饪的菜品,再在网上查找相应原材料,填在两个表格中。

≡▶ 评价检测

1. 评价表　见表 3-1-5。

表 3-1-5　评价表

评价内容及标准	赋　分	等级(请在相应位置画钩)			
		优秀	较优秀	合格	待合格
明确任务要求,实施步骤清晰	25	25	20	15	10
查询快捷、准确	25	25	20	15	10
结果表述正确、清晰	25	25	20	15	10
集合知识运用科学合理	25	25	20	15	10
总分	100	实际得分:			

2. 测一测

练习 1　判断下列对象能否组成集合?如果可以,写出该集合;如果不可以,说出理由。

(1)烹饪宫保鸡丁所需的所有原材料:

(2)所有深颜色的调味料:

(3)适合夏天吃的凉拌菜:

(4)劲松职高中餐专业高二年级下周学习的所有菜品:

练习 2　在横线上写出元素,使该元素满足与已知集合的关系。

(1)＿＿＿＿＿∈{植物性原料}　　　　　(2)＿＿＿＿＿∉{调味料}

(3)＿＿＿＿＿∈{禽类}　　　　　　　　(4)＿＿＿＿＿∈{果品类}

≡▶ 小结提升

将原材料准确分类的步骤如下。

（1）按分类方法列出表格。

（2）按每种原材料的种类逐一填入表格相应位置,重复原材料只写一次。

（3）可以倒序检查一遍,以便做到不重不漏。

拓展练习

上网查阅资料,写出任意三道菜的原材料,用集合表示,填在表 3-1-6 中,之后进行分类,填在表 3-1-7 中。

表 3-1-6　原材料

原材料集合	所烹饪的菜品

表 3-1-7　菜品

主配料	主料	
	配料	
调辅料		

第二节 原料的分类与归纳（2）

任务要求

师傅给实习生小松提出要求,根据表 3-2-1,找到相应的食材(图 3-2-1、图 3-2-2)。

（1）含维生素 A 和维生素 C 都丰富的食物。

（2）富含维生素 A 或富含维生素 C 的果品。

（3）富含维生素 A 但不富含维生素 C 的蔬菜。

表 3-2-1   食材

	富含维生素 A 的食物		富含维生素 C 的食物
果品类	梨、苹果、枇杷、樱桃、香蕉、杏子、荔枝、西瓜、甜瓜	果品类	苹果、柚子、橘子、橙子、柠檬、草莓、柿子、芒果、猕猴桃
蔬菜类	马齿菜、大白菜、荠菜、番茄、茄子、南瓜、黄瓜、菠菜	蔬菜类	小白菜、油菜、油菜薹、紫菜薹、苋菜、芹菜、香椿、苦瓜、花菜、辣椒、南瓜、豌豆苗、番茄
动物类	猪肉、鸡肉、鸡蛋、鳖、蟹、田螺		

图 3-2-1

图 3-2-2

≡▶ 学习目标

（1）理解交集、并集、补集的意义。

（2）能够根据实际问题的需要，进行简单的交集、并集、补集运算，正确写出所求的集合。

（3）加强利用数学思想解决实际问题的意识。

≡▶ 知识积累

数学知识——集合的运算

（一）交集

由属于集合 A 且属于集合 B 的所有元素组成的集合，称为 A 与 B 的交集。

记作 $A \cap B = \{x \mid x \in A$ 且 $x \in B\}$，如图 3-2-3 所示。

比如，若集合 $A = \{1,2,3,4\}$，集合 $B = \{3,4,5,6\}$，则 $A \cap B = \{3,4\}$。

再比如，若集合 $A = \{鱼,虾,蟹,扇贝\}$，集合 $B = \{虾,蟹,扇贝,蛤蜊\}$，则 $A \cap B = \{虾,蟹,扇贝\}$。

（二）并集

由所有属于集合 A 或属于集合 B 的元素组成的集合，称为 A 与 B 的并集。记作 $A \cup B = \{x \mid x \in A$ 或 $x \in B\}$，如图 3-2-4 所示。

Note

比如，若集合 $A=\{1,2,3,4\}$，集合 $B=\{3,4,5,6\}$，则 $A\bigcup B=\{1,2,3,4,5,6\}$。

再比如，若集合 $A=\{鱼，虾，蟹，扇贝\}$，集合 $B=\{虾，蟹，扇贝，蛤蜊\}$，则 $A\bigcup B=\{鱼，虾，蟹，扇贝，蛤蜊\}$。

（三）补集

由全集 U 中不属于集合 A 的元素组成的集合，称为集合 A 相对于全集 U 的补集。记作 $C_U A=\{x\mid x\in U 且 x\notin A\}$，如图 3-2-5 所示。

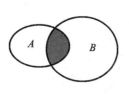
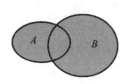
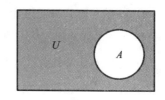

图 3-2-3　　　　　　　图 3-2-4　　　　　　　图 3-2-5

比如，全集 $U=\{1,2,3,4,5\}$，若集合 $A=\{3,4\}$，则 $C_U A=\{1,2,5\}$。

再比如，全集 $U=\{鱼，虾，蟹，扇贝，蛤蜊\}$，若集合 $A=\{虾，蟹，扇贝\}$，则 $C_U A=\{鱼，蛤蜊\}$。

练习 1　全集 $U=\{1,2,3,4,5,6,7,8\}$，集合 $A=\{3,4,5\}$，集合 $B=\{4,5,7,8\}$，求：

$A\bigcap B$ _____

_____

$A\bigcup B$ _____

_____

$C_U A$ _____

_____

$C_U B$ _____

_____

$C_U(A\bigcup B)$ _____

_____

$C_U(A\bigcap B)$ _____

_____

练习 2　写出下列集合。

$A=\{土豆烧茄子所需要的蔬菜类原料\}=$ _____

$B=\{地三鲜所需要的蔬菜类原料\}=$ _____

$C=\{番茄土豆炖牛肉所需要的蔬菜类原料\}=$ _____

$A\bigcap B=$ _____　　　　$A\bigcup B=$ _____

$A\bigcap C=$ _____　　　　$A\bigcup C=$ _____

$B\bigcap C=$ _____　　　　$B\bigcup C=$ _____

$C_B A=$ _____

≡▶ 任务实施

任务 1　按师傅给实习生小松提出要求,根据表 3-2-1,找到相应的食材。

实施思路:

(1) 实际上是求两个集合的交集。先找到"含维生素 A 丰富的食物",设为集合 M,然后逐一看"含维生素 C 丰富的食物",只要集合 M 中出现相同的,就圈出该元素,最后把圈出的元素写出来即可。

(2) 实际上是求两个集合的并集。先把"含维生素 A 丰富的果品"列在集合中,然后逐一看"含维生素 C 丰富的果品",只要出现与之前相同的,就不列出来,未出现过的,都补充列在后面。

(3) 实际上是求补集。先把"含维生素 A 丰富的蔬菜"列在集合中,然后逐一看"含维生素 C 丰富的蔬菜",只要出现在刚才列出的集合中,就在其中消去,最后剩下的元素即为所求。

(1) 含维生素 A 和维生素 C 都丰富的食物:

(2) 富含维生素 A 或富含维生素 C 的果品:

(3) 富含维生素 A 但不富含维生素 C 的蔬菜:

任务 2　表 3-2-2 是 100 g 食物中的蛋白质含量,根据表格填空。

表 3-2-2　蛋白质含量

原料名称	100 g 食物中的蛋白质含量/g	原料名称	100 g 食物中的蛋白质含量/g
燕麦	15.6	苹果	0.4
莲子	16.6	鲤鱼	17
黄豆	36	虾	21
绿豆	24	牛肉	20.3
豆腐	74	羊肉	17.3
白菜	2	鸡肉	21.5
茄子	2.3	鸡蛋	14.7

$A=\{100 \text{ g 食物中蛋白质含量大于 20 的原料}\}=$ _____

$B=\{100 \text{ g 食物中蛋白质含量小于 10 的非果品类原料}\}=$ _____

$C=\{100 \text{ g 食物中蛋白质含量大于 20 的动物类原料}\}=$ _____

实施思路：

思路与任务 1 类似，但结果要求写成集合形式。

"动物类原料"和"非果品类原料"的定义请参照本章第一节。

任务 3 厨师长要求实习生小劲准备宫保鸡丁（图 3-2-6）和糖醋里脊（图 3-2-7）的原材料。

图 3-2-6

图 3-2-7

宫保鸡丁：鸡胸肉、花生、黄瓜、辣椒、蒜、葱、花椒、姜、醋、淀粉、料酒、酱油、糖、盐、油。

糖醋里脊：里脊肉、油、鸡蛋、葱、姜、面粉、淀粉、料酒、醋、糖、盐。

请问小王一共需要准备几种材料？两道菜都需要的材料有哪些？如果客人不吃葱、姜、蒜，那么两道菜各需哪几种材料？

实施思路：先分清是集合中交集、并集、补集的哪几类运算，再区分运算顺序，分别列出来。

评价检测

1. 评价表 见表 3-2-3。

表 3-2-3 评价表

评价内容及标准	赋分	等级（请在相应位置画钩）			
		优秀	较优秀	合格	待合格
明确任务要求，实施步骤清晰	25	25	20	15	10
方法科学、合理	25	25	20	15	10
结果表述正确、清晰	25	25	20	15	10
集合知识运用科学合理	25	25	20	15	10
总分	100	实际得分：			

2. 测一测

将下面 4 个集合表示成适当集合的交集和并集。

（1）｛燕麦，莲子｝＝｛　　　　　　　　　｝∩｛　　　　　　　　　　　｝

（2）｛白菜，茄子，苹果｝＝｛　　　　　　　｝∪｛　　　　　　　　｝

（3）｛猪肉，牛肉，羊肉｝＝｛　　　　　　　｝∪｛　　　　　　　　｝

（4）｛猪肉，牛肉，羊肉｝＝｛　　　　　　　　｝∩｛　　　　　　　　　　　　｝

≡▶ 小结提升

1. 交集、并集、补集运算的口诀

交集：公共元素。

并集：所有元素不重复。

补集：全集"减掉"这个集合。

2. 写出两个集合交集、并集、补集的步骤

（1）交集：画圈法。

固定第一个集合，逐一看另一个集合的元素，遇到相同的，在第一个集合中画圈，最后把画圈元素写成集合形式。

（2）并集：补充法。

先把第一个集合中的元素都写出来，逐一看另一个集合的元素，遇到与第一个集合相同的元素，不写；遇到不同的，补充在后面。

（3）补集：消去法。

先把全集列出来，然后逐一看另一个集合的元素，只要在全集中出现了，就在全集中消去，最后剩下的元素即为补集中的元素。

≡▶ 拓展练习

现在厨房只有做菠萝咕噜肉的原材料，但需要做宫保鸡丁，师傅让实习生小松算一算，还要补充哪些原材料。

1. 菠萝咕噜肉　猪里脊肉、新鲜菠萝、鸡蛋、蒜、生抽、黄酒、盐、淀粉、胡椒粉、白醋、番茄酱、糖、干面粉、油。

2. 宫保鸡丁　鸡胸肉、花生、黄瓜、辣椒、蒜、葱、花椒、姜、醋、淀粉、料酒、酱油、糖、盐、油。

第三节　宴席菜肴的搭配与预估（1）

≡▶ 任务要求

某餐馆今天提供的菜单见表 3-3-1。

Note

表 3-3-1　菜单

荤　菜	素　菜	凉　菜
宫保鸡丁	素炒芹菜	凉拌木耳
糖醋里脊	醋熘白菜	蓝莓山药
鱼香肉丝		大拌菜
葱爆羊肉		

小劲去该餐馆就餐,如果选择一种荤菜或素菜,有几种选择? 如果选择荤菜、素菜各一种,有几种选择? 如果选择荤菜、素菜、凉菜各一种,有几种选择?

▶ 学习目标

（1）理解分类计数原理和分步计数原理。

（2）能应用计数原理解决搭配数目问题,并能利用树状图列出搭配方法。

（3）提升学生合理分类、逻辑分布、有序搭配的意识和能力。

▶ 知识积累

数学知识——计数原理

（一）分类计数原理（加法原理）

完成一件事,有 n 类方式,第 1 类方式中有 k_1 种方法,第 2 类方式中有 k_2 种方法……第 n 类方式中有 k_n 种方法,那么完成这件事的方法共有 $N = k_1 + k_2 + \cdots + k_n$ 种。

这个计数原理叫作分类计数原理,又称加法原理。

（二）分步计数原理（乘法原理）

完成一件事,可以分成 n 个步骤,完成第 1 个步骤有 k_1 种方法,完成第 2 个步骤有 k_2 种方法……完成第 n 个步骤有 k_n 种方法,那么完成这件事的方法共有 $N = k_1 k_2 \cdots k_n$ 种。

这个计数原理叫作分步计数原理,又称乘法原理。比如某联欢会选拔主持人,男生有 3 个候选人,女生有 2 个候选人,如果只选一个主持人,那么总的方法数为 3＋2＝5 种。

如果选择男女候选人各一名搭配主持,那么总的方法数为 3×2＝6 种,如图 3-3-1 所示。

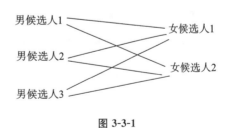

图 3-3-1

例 1　某工厂有甲乙两个生产组,甲组生产了 400 件产品,乙组生产了 200 件产品,请完成以下计算。

（1）从这些产品中选出一件进行质量检测,如何计算方法数?

（2）从这些产品中选出甲组和乙组产品各一件，进行质量检测，如何计算方法数？

例 2 一个三层书架，上层有 5 本不同的政治书，中层有 6 本不同的科技书，下层有 4 本不同的小说，请完成以下计算。

（1）若从这三类书中任选一本，有多少种不同选法？

（2）若从这三类书中各选一本，有多少种不同选法？

（3）若从这三类书中选两本不同种类的书，有多少种不同选法？

≡▶ **任务实施**

任务 1 某餐馆今天提供的菜单见表 3-3-1。

小劲去该餐馆就餐，如果选择一种荤菜或素菜，有哪几种选择？如果选择荤菜、素菜各一种，有几种选择？如果选择荤菜、素菜、凉菜各一种，有哪几种选择？

实施思路：当利用分步计数原理步骤较多时，可以采用树状图。比如，先固定荤菜宫保鸡丁，和它搭配的素菜有两种，分别讨论固定两种素菜时，搭配的凉菜方法。之后再变换下一个荤菜糖醋里脊，依次写出即可，如图 3-3-2 和图 3-3-3 所示。

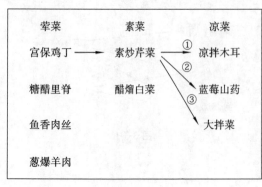

图 3-3-2

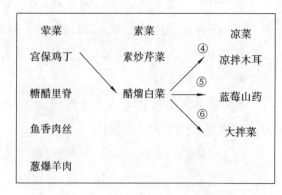

图 3-3-3

任务2　实习生小松今天打算利用上午时间练习刀工,材料有三类:第一类是蔬菜类,包括土豆、黄瓜、萝卜;第二类是肉类,包括鸡胸肉和猪里脊肉;第三类是软性材料,包括豆腐干、午餐肉、猪肝、蛋黄糕。

(1) 如果小明想挑选一种材料练习,有哪几种选择?

(2) 如果小明想在三类材料中各挑选一个,有哪几种选择?

(3) 如果小明想挑选一个蔬菜类材料和一个非蔬菜类材料,有哪几种选择?

实施思路:利用树状图,先思考用哪种计数原理,再辨别用加法还是乘法。

☰▶ 评价检测

1. 评价表　见表3-3-2。

表3-3-2　评价表

评价内容及标准	赋　分	等级(请在相应位置画钩)			
		优秀	较优秀	合格	待合格
明确任务要求,实施步骤清晰	25	25	20	15	10
方法科学、合理	25	25	20	15	10
结果表述正确、清晰	25	25	20	15	10
计数原理和树状图运用科学合理	25	25	20	15	10
总分	100	实际得分:			

2. 测一测

从0~9这十个数字中:

(1) 选择一个大于5的数,有_____种不同选法。

(2) 选择一个奇数和一个偶数,有_____种不同选法。

(3) 组成一个没有重复数字的两位奇数,有_____种不同选法。

☰▶ 小结提升

(1) 使用计数原理的口诀:分清加法和乘法,树状图上依次画。

(2) 既有分类,又有分步时,要先算局部,再算整体。

☰▶ 拓展练习

图3-3-4是某餐厅下午茶菜单,请问该餐厅的英伦三层架茶点搭配和特选三层架茶点搭配一共有哪几种? 如果两种茶点可以混搭,三层架茶点搭配一共多少种?

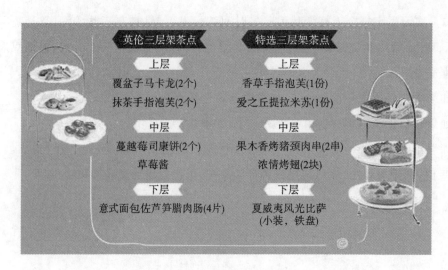

图 3-3-4

第四节　宴席菜肴的搭配与预估(2)

▤▶ 任务要求

现在需要把小劲、小松、小双三个实习生安排在热菜、冷菜、打荷三个工位上,且定期轮换。厨师长让小劲把所有安排方法都写出来,小劲应该怎么写才能不重不漏?

你能够应用排列数帮助他解决这个实际问题吗?

▤▶ 学习目标

(1) 理解排列数的意义及计算方法。

(2) 能应用排列数解决简单的实际问题,并准确写出排列方法。

(3) 增强学生应用数学知识解决实际问题的意识。

▤▶ 知识积累

一、数学知识——排列数的概念

从 n 个不同元素中,任取 $m(m \leqslant n)$ 个元素排成一列,叫作从 n 个不同元素中取出 m 个元素的一个排列。所有排列的个数记为 A_n^m,叫作从 n 个不同元素中取出 m 个元素的排列数。

下面我们来看排列数 A_n^m 的计算方法:从 n 个不同元素中,任取 $m(m \leqslant n)$ 个元素排成一列,这件事可以分成 m 个步骤来完成:第一步,确定第一个位置的元素,有 n 种取法;第二步,确定第二个位置的元素,因为第一个位置已经用去了一个元素,因此这一步有 $n-1$ 种取法;第三步,确定第三个位置的元素,因为前两个位置用掉了两个元素,因此这一步有 $n-2$ 种取法……第 m 步有 $n-(m-1)$ 种取法,如图 3-4-1 所示。

根据乘法原理,总的排列数为 $A_n^m = n(n-1)(n-2)\cdots(n-m+1)$,其中 $m \leqslant n$。例如,从 10 个元素中取 4 个元素排成一列的排列数为 $A_{10}^4 = 10 \times 9 \times 8 \times 7$。若 $m = n$,即是将 n 个元素排成

Note

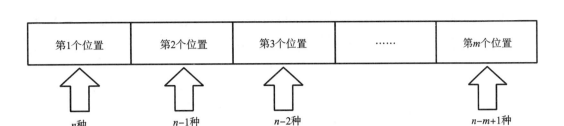

图 3-4-1

一列，排列数为 $A_n^n = n(n-1)(n-2)\cdots1$。我们将自然数 1 到 n 的连乘积，叫作 n 的阶乘，记作 $n!$，规定 $0! = 1$。因此，n 个元素的全排列的总数 $A_n^n = n!$

例 1　计算以下算式。

(1) A_4^2 _____

(2) A_5^3 _____

(3) A_6^1 _____

(4) $A_4^1 + A_4^2 + A_4^3 + A_4^4$ _____

(5) $3!$ _____

(6) $5!$ _____

例 2　从 8 个学生中选取 3 个人，分别制作宫保鸡丁、糖醋里脊、京酱肉丝三道菜，一共有多少种选取方法？用排列数表示，并计算。

例 3　某餐厅印制菜单，第一页共 6 个位置，如图 3-4-2 所示，这 6 个位置要印 6 道菜的名称和图片，从 10 道招牌菜中选取，共有几种选取方法？如果第一行的三个菜品已经确定，那么有几种选取方法？

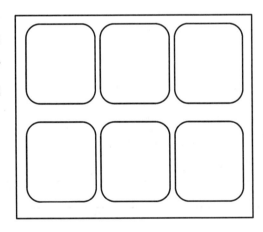

图 3-4-2

≡▶ **任务实施**

任务 1　现在需要把小劲、小松、小双三个实习生安排在热菜、冷菜、打荷三个工位上，且定期轮换。厨师长让小劲把所有安排方法都写出来，你能够应用排列数帮助小劲解决这个实际问题吗？

实施思路:先固定小劲在某一工位上,对小松和小双的工位进行排列;再将小劲固定在另一个工位上,排列小松和小双,以此类推,最后用排列数检查是否不重不漏。

任务 2　某餐厅接到了 A、B、C、D 四个公司的商务宴任务,要求在周二到周四的中午或晚上安排,其中 B 公司要求在周三举行,中午或晚上均可,其他公司无要求,请问有几种安排方法?

实施思路:画出时间表,先区分是什么样的排列;对于有要求的 B 公司,先固定位置,再排其他公司,最后用排列数检查是否不重不漏。

评价检测

1. 评价表　见表 3-4-1。

表 3-4-1　评价表

评价内容及标准	赋　分	等级(请在相应位置画钩)			
		优秀	较优秀	合格	待合格
明确任务要求,实施步骤清晰	25	25	20	15	10
方法科学、合理	25	25	20	15	10
结果表述正确、清晰	25	25	20	15	10
排列数方法运用科学合理	25	25	20	15	10
总分	100	实际得分:			

2. 测一测

(1) 从 1~5 这 5 个数字中选出 3 个,组成一个无重复数字的 3 位数,总共有＿＿＿＿种方法。

(2) 从 4 名实习生中,选出 2 人,分别跟随李大厨和张大厨学徒,共有＿＿＿＿种选法。

小结提升

(1) 排列数公式: $A_n^m = n(n-1)(n-2)\cdots(n-m+1)$。这个公式表示从 n 个不同元素中,任

取 $m(m \leq n)$ 个元素排成一列的方法数。

（2）现有 1、2、3、4，写出所有的排列方式（固定第一个位置的元素，依次写后面元素的排列）：

▤▶ **拓展练习**

某餐厅安排婚宴，在大堂一边有四个桌子，分别安排新郎的同学、同事，以及新娘的同学、同事就座，总共有几种排列方法？

第五节 宴席菜肴的搭配与预估（3）

▤▶ **任务要求**

某餐厅有 6 道招牌菜（图 3-5-1），现需要从这 6 道菜中选出 3 道，一共有哪些组合方法？

鲜菇生煎包　韭菜虾干煮胜瓜　秋葵蒜香肉　特色酸菜鱼　盐焗手撕鸡　枸杞肉茸汤

图 3-5-1

▤▶ **学习目标**

（1）理解组合数的意义及计算方法，明确排列数和组合数的区别和联系。

（2）能应用组合数解决一些简单的问题，并准确写出组合方法。

（3）增强学生应用数学知识解决实际问题的能力。

▤▶ **知识积累**

一、数学知识——组合数的概念

从 n 个不同元素中，取出 $m(m \leq n)$ 个元素，所有组合的个数记为 C_n^m，叫作从 n 个不同元素中取出 m 个元素的组合数。

下面我们来看组合数 C_n^m 的计算方法。

在上一节中我们已经学习过排列数，从 n 个不同元素中，任取 $m(m \leq n)$ 个元素排成一列，它的排列总数 $A_n^m = n(n-1)(n-2)\cdots(n-m+1)$。从 n 个不同元素中任取 m 个元素排成一列，这件事可以分成 2 个步骤来完成：第一步，从 n 个不同元素中，取出 m 个元素组成一组，它的方法数就是 C_n^m；第二步，将取出的 m 个元素排成一列，也就是 m 个元素的全排列，这一步的方法数有

Note

$m!$ 种。根据分步计数原理，$A_n^m = C_n^m \times m!$，而 $A_n^m = n(n-1)(n-2)\cdots(n-m+1)$，因此：

$$组合数\ C_n^m = \frac{A_n^m}{m!} = \frac{n(n-1)(n-2)\cdots(n-m+1)}{m!}$$

想一想，你能
说出排列数和
组合数的区别
和联系吗？

例1　计算以下算式。

(1) C_5^2 _____

(2) C_5^3 _____

(3) C_6^1 _____

(4) C_6^6 _____

(5) $C_4^1 + C_4^2 + C_4^3 + C_4^4$ _____

例2　思考：C_n^m 和 C_n^{n-m} 有什么关系？C_n^1 和 C_n^n 的值是多少？

例3　学校组织面点制作比赛，班里共22人，每人制作1件，从中任取4件参加比赛，有多少种选取方法？用组合数进行计算。

≡▶ **任务实施**

任务1　某餐厅有6道招牌菜(图 3-5-1)，现需要从这6道菜中选出3道，一共有哪些组合方法？

实施思路：

先固定两个菜品，看看第三个菜品有几种选取方法；然后变换刚才固定的菜品，依此类推，不走回头路。将以上六个菜品依次用 1,2,3,4,5,6 表示，方法如下：

1. 固定 1、2，组合方法有(1,2,3)(1,2,4)(1,2,5)(1,2,6)。

2. 固定 1、3，组合方法有(1,3,4)(1,3,5)(1,3,6)。

3. 固定 1、4，组合方法有(1,4,5)(1,4,6)。

4. 固定 1、5，组合方法有(1,5,6)。

5. 固定 2、3，组合方法有(2,3,4)(2,3,5)(2,3,6)。

6. 固定 2、4，组合方法有(2,4,5)(2,4,6)。

7. 固定 2、5，组合方法有(2,5,6)。

8. 固定 3、4，组合方法有(3,4,5)(3,4,6)。

9. 固定 3、5，组合方法有(3,5,6)。

10. 固定 4、5,组合方法有(4,5,6)。

最后,根据组合数计算:$C_6^3 = \dfrac{6 \times 5 \times 4}{3 \times 2 \times 1} = 20$,确定做到不重不漏。

任务 2 某餐厅的夏日特饮有以下五款(图 3-5-2):大果粒水果茶、营养牛油果昔、仙草冻奶茶、香蕉果昔、维 C 女王芒橙果昔。

图 3-5-2

现在小松要从 5 款饮料中选出 3 款带回家喝,一共有哪几种选取方法?

实施思路:

参照任务 1,先固定,再依次选取,不走回头路,最后用组合数进行检查。

请思考一下,除了 5 选 3 之外,有没有更简单的选取方法?

≡▶ 评价检测

1. 评价表 见表 3-5-1。

表 3-5-1 评价表

评价内容及标准	赋 分	等级(请在相应位置画钩)			
		优秀	较优秀	合格	待合格
明确任务要求,实施步骤清晰	25	25	20	15	10
方法科学、合理	25	25	20	15	10
结果表述正确、清晰	25	25	20	15	10
组合数方法运用科学、合理	25	25	20	15	10
总分	100	实际得分:			

2．测一测

（1）从 5 个人中选出两个组长，总共有_____种方法。

（2）从 5 个人中选出正副组长各一人，总共有_____种方法。

≡▶ 小结提升

（1）组合数公式：$C_n^m = \dfrac{A_n^m}{m!} = \dfrac{n(n-1)(n-2)\cdots(n-m+1)}{m!}$。

（2）组合数和排列数的区别：组合数，只取不排；排列数，又取又排。

（3）写出所有组合的方法：先固定，再依次选取，不走回头路，最后用组合数进行检查。

≡▶ 拓展练习

某餐厅有 7 种盖饭，如图 3-5-3 所示，小劲、小松、小双三人去购买盖饭。

回锅肉（盖饭）14元
鱼香肉丝（盖饭）14元
蒜薹肉（盖饭）14元
蘑菇肉（盖饭）14元
泡菜猪肝（盖饭）14元
芹菜肉丝（盖饭）14元
木耳肉（盖饭）14元

图 3-5-3

（1）三人各购买一种盖饭，不重复，有_____种选法。

（2）三人买三种盖饭，带回去一起吃，有_____种选法。

（3）小劲只吃回锅肉盖饭，小松不吃蒜薹肉盖饭，三人各购买一种盖饭，不重复，有_____种选法。

第六节　工作中的路线问题

≡▶ 任务要求

学生小松参加实习，每天工作结束，要清扫餐馆二层的卫生。二层的结构如图 3-6-1 所示。如果这个学生需要清扫二层所有道路，请问，他能否从出入口开始，清扫所有道路不重复，并且最后回到出入口？

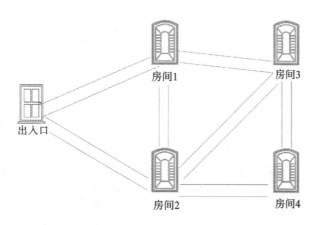

图 3-6-1

学习目标

（1）理解一笔画问题的相关概念。

（2）能够判断简单图形能否一笔画出。

（3）能够利用一笔画相关知识,判断工作中的路线问题。

知识积累

微课:"七桥问题"和"一笔画"

七 桥 问 题

18 世纪初,在普鲁士的哥尼斯堡镇,有一条河从中穿过,河上有两个小岛,有七座桥把两个岛与河岸连接起来了,见图 3-6-2。有个人提出一个问题,一个人怎样才能不重复、不遗漏地一次走完七座桥,最后回到出发点呢?

问题提出后,有很多人对此很感兴趣,纷纷进行试验,但在相当长的时间里,始终未能成功。1735 年,有几名大学生写信给当时正在俄罗斯任职的数学家欧拉(图 3-6-3),请他帮忙解决这一问题。欧拉经过了一年的研究,圆满地解答了这一问题,同时开创了数学一个新的分支——图论。

下面,我们来看一看,欧拉是如何解决"七桥问题"的。

首先,欧拉把问题中的陆地抽象成点,那么,图中的两个小岛和两条河岸分别为点 A、B、C、D（图 3-6-4）;其次,他将图中连接陆地的桥,抽象成线。那么实际问题的图形就变成了图 3-6-5 所示的线条。"七桥问题"也转化成了"能否从一点出发,一笔不重复地画出这七条线,最后再回到这个点"这一问题上。

在解决这个问题之前,我们先来看三个基本定义。

定义 1 与一个点连接的线的条数为这个点的度。在图 3-6-5 中,点 A 的度数为 5,点 B、C、D 的度数为 3。

定义 2 如果一个点的度数为偶数,那么这个点叫作偶点;如果一个点的度数为奇数,那么这个点叫作奇点。

Note

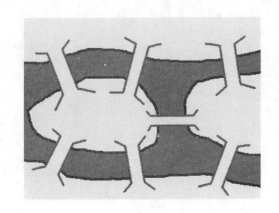

图 3-6-2　　　　　　　　　　　　　　　图 3-6-3

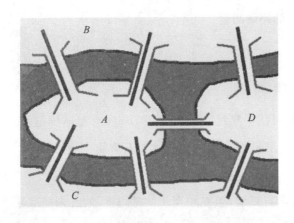

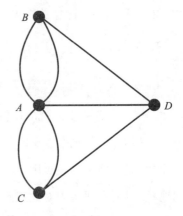

图 3-6-4　　　　　　　　　　　　　　　图 3-6-5

在图 3-6-5 中,四个点均为奇点。

定义 3　"一笔画"是指下笔后笔不离纸,每条线只能画一次。

定义 4　如果一个图中任意两点间都有若干条线组成的道路相连,那么这个图就称为连通图。

于是我们猜想,如果"七桥问题"能够一笔画出,且某点既是起点也是终点,那么这个点必然是偶点。但是,图 3-6-5 中的四个点均为奇点,因此,欧拉得到结论,"七桥问题"无解!

由此,我们可以得到"一笔画"图形的条件:

(1)凡是由偶点组成的连通图,一定可以一笔画出。画的时候,可以以任一偶点为起点,最后一定能以这个点为终点画完此图。

(2)凡是只有两个奇点的连通图,一定可以一笔画成。画的时候,必须把一个奇点作为起点,另外一个奇点作为终点。

(3)其他情况的图都不能一笔画出。

例 1　判断图 3-6-6 中的三种图形能否一笔画出。

Note

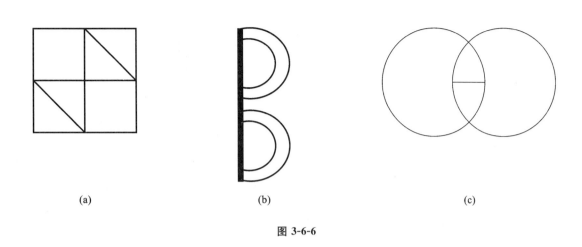

(a)   (b)   (c)

图 3-6-6

例 2   图 3-6-7 是某展厅的平面图,它由五个展室组成,任意两个展室之间都有门相通,整个展厅还有一个入口和一个出口。请问,游人能否一次不重复地穿过所有门,并且从入口进,出口出?

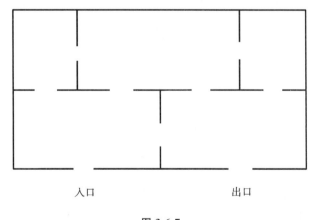

入口   出口

图 3-6-7

≡▶ **任务实施**

任务 1   学生小松参加实习,每天工作结束,要清扫餐馆二层的卫生。二层结构如图 3-6-8 所示。如果这个学生需要清扫二层所有道路,请问,他能否从出入口开始,清扫所有道路不重复,并且最后回到出入口?

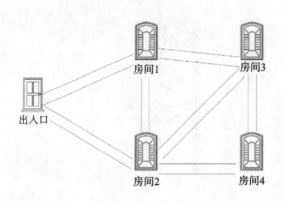

图 3-6-8

实施思路:仿照七桥问题的思路解决问题。

任务 2

(1) 将出入口和 4 个房间都抽象成点,道路抽象成线。

(2) 观察这些点是奇点还是偶点,进而分析这个问题能否"一笔画"。

(3) 如果可以"一笔画",画出路径;如果不能,看看能否找到最短的路径。

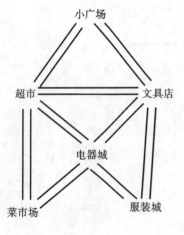

图 3-6-9

任务 3　一辆洒水车要给某城市的街道洒水,街道地图见图 3-6-9。你能否设计一条洒水车的洒水路线,使洒水车不重复地走过所有街道,再回到出发点。

实施思路:仿照任务 1,先抽象为点、线,再看点的奇、偶,最后进行判断。

➡ 评价检测

1. 评价表　见表 3-6-1。

Note

表 3-6-1 评价表

评价内容及标准	赋　分	等级（请在相应位置画钩）			
		优秀	较优秀	合格	待合格
明确任务要求，实施步骤清晰	25	25	20	15	10
方法科学、合理	25	25	20	15	10
结果表述正确、清晰	25	25	20	15	10
"一笔画"方法运用科学合理	25	25	20	15	10
总分	100	实际得分：			

2. 测一测　请判断图 3-6-10 中的四个图形能否一笔画出。

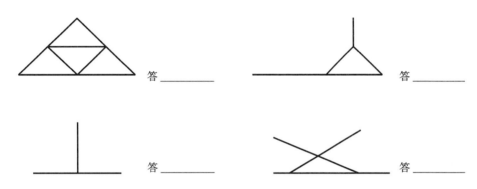

答＿＿＿＿＿　　　　答＿＿＿＿＿

答＿＿＿＿＿　　　　答＿＿＿＿＿

图 3-6-10

▶ 小结提升

判断"一笔画"图形的步骤：

（1）把图形抽象为点和线的集合。

（2）判断每个点是奇点还是偶点。

（3）如果全部都是偶点，或者只有两个奇点，这样的图形一定可以一笔画出。

▶ 拓展练习

图 3-6-11 是一个公园的平面图，请设计路线，能否使游人走遍每一条道路不重复？入口和出口又应该设在哪里？

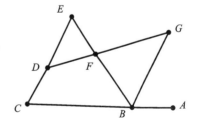

图 3-6-11

模块二

图形与统计

星级餐厅要想获得良好的口碑，离不开优质的菜品，美味悦目的菜品吸引了食客，获得了大众的喜爱，同时也为企业带来了经济效益。有发展眼光的经营者会在菜品的美学造型设计、菜品改良设计、原料成本核算、顾客满意度调查等方面投入大量精力，以获得最大社会效益和经济收益。

作为一名将要走上厨师岗位的学生，通过本单元的学习，你可以循着经营者的足迹，领略菜品拼摆艺术的美感，了解菜品原料的采购流程，学习菜品成本的核算方法，掌握顾客心理的调查方法，为今后的厨师成长之路奠定坚实基础。

单元目标

（1）能够合理选取食材，在最大化利用思想的指导下切割成要求的立体几何图形，把切割好的几何图形摆成多种造型。

（2）掌握摆盘的原则标准，初步理解营养与色彩搭配、对称和谐摆放等原则。

（3）能够准确计算出各种原料的成本价格及菜品销售的成本率，并完成菜品销售的简单成本核算表的制作。

（4）能够设计出菜品的满意度调查问卷，并对菜品的满意度调查问卷结果进行统计；能够制定出餐厅菜品原料采购流程及原料采购统计表。

（5）增强服务意识，增强现实沟通合作能力，深度体会创新创意对开发美食新产品美食的价值。

（6）提升直观想象、数据分析等核心素养。

第四章

图形应用

第一节 立体图形与食材初加工

≡▶ 任务要求

厨师长给小劲布置一个任务:用白萝卜、红萝卜等原材料按具体要求切割成多种立体几何图形进行摆盘创意。

本节课任务通过对食材的简单切割造型,进一步体会立体图形的美感,把切割好的立体图形食材运用到摆盘设计中,让几何图形在烹饪制作中展现更多价值。

≡▶ 学习目标

(1)了解立体图形的基本特征;掌握基本立体几何图形的特征结构,计算立体图形的表面积、体积。

(2)能够合理选取食材,在最大化利用思想的指导下切割成要求的立体几何图形。

(3)初步形成对立体图形的感知能力与应用创新能力。

≡▶ 知识积累

一、数学知识

(一)圆柱体相关知识

(1)一个圆柱体(图 4-1-1)是由两个底面和一个侧面组成的。

(2)圆柱体的两个底面是完全相同的两个圆,且互相平行。

(3)两个底面之间的距离是圆柱体的高。

(4)一个圆柱体有无数条高与对称轴。

(5)圆柱体的侧面是一个曲面,侧面展开是一个矩形(表 4-1-1)。

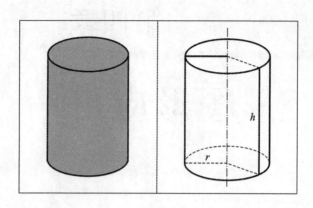

图 4-1-1

表 4-1-1　圆柱体的公式

圆柱体的侧面积	$S_{圆柱侧} = 2\pi rh$
圆柱体的表面积	$S_{圆柱表} = 2\pi r(h + r)$
圆柱体的体积	$V_{圆柱} = \pi r^2 h$

（二）长方体、正方体相关知识

见表 4-1-2。

表 4-1-2　长方体、正方体中的公式

	长　方　体	正　方　体
图形		
特点	①有 6 个面，都是长方形（有时相对的两个面是正方形），相对的面形状相同，面积（大小）相等。②有 12 条棱，相对的棱长度相等。③有 8 个顶点。	①正方体有 6 个面，每个面面积相等。②正方体有 12 条棱，每条棱长度相等。③正方体有 8 个顶点，每个顶点连接三条棱。
底面积	$S_{底} = ab$	$S_{底} = a^2$
表面积	$S_{表} = 2(ab + ah + bh)$	$S_{表} = 6a^2$
体积	$V = abh$	$V = a^3$

二、专业知识

（一）刀具选择

选择果蔬刀、切片刀等能够按要求精准切割的刀具；操作时也可选用烹饪工具中的拉刻刀（U 形雕刻刀）等优化造型。

1. 果蔬刀 适用于削蔬菜瓜果的表皮,也适用于切蒜瓣、大葱或其他需要精准切割要求的物料(图 4-1-2)。

2. 切片刀 可以精准地切割薄片,剔骨,或雕刻瓜果(图 4-1-3)。

图 4-1-2   图 4-1-3

3. 拉刻刀 也叫食品雕刻刀,由刀柄、刀体和刀刃组成,是一种针对食品雕刻制作过程中的特殊手法需要,经过特殊设计制作的可以提高速度的特殊食品雕刻刀具。拉刻刀为食品雕刻刀的一种,刀体呈垂直设置,刀体前端头的水平横截面呈圆弧形或三角形,或刀体的水平横截面呈"V"形或"U"形,或方形、或梯形,刀刃设置于刀体的下端或上下两端(图 4-1-4)。

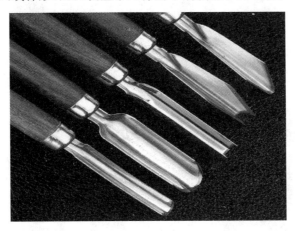

图 4-1-4

（二）食材选择

由于图形的精准比例,本节课应选取萝卜、土豆等易成型的食材。实物造型如图 4-1-5、图 4-1-6 所示。

（三）案板操作

在对切割的食材进行测量时,为高效且卫生,最好选择刻度案板进行操作。实物造型如图 4-1-7、图 4-1-8 所示。

（四）颜色选择

摆盘食材可以选取多种颜色,增加造型美观感;对食材切割时注意操作安全。实物造型如图 4-1-9、图 4-1-10 所示。

图 4-1-5   图 4-1-6

图 4-1-7   图 4-1-8

图 4-1-9   图 4-1-10

≡▶ **任务实施**

任务 1　自备食材（白萝卜、红萝卜等），在原料利用最大化思想的指导下将食材切割成两个体积大小相等的圆柱体。

实施思路：

（1）准备食材（白萝卜、红萝卜等）、刀具、刻度案板。

（2）先将食材切割一个圆柱体。

（3）用刻度案板测量已切好的圆柱体的底面圆的直径以及测量圆柱体的高。

Note

（4）在剩余食材中标记已测量好的数值，进行第二个相同圆柱体的切割。

（5）测量切割好的第二个圆柱体，与第一个圆柱体面积、体积数值进行比较，记录误差。

任务 2 自备食材（白萝卜、红萝卜等），在原料利用最大化思想的指导下将食材切割成两个体积大小相等的长方体（或正方体）。

实施思路：

（1）准备食材（白萝卜、红萝卜等）、刀具、刻度案板。

（2）先将食材切割一个长方体（或正方体）。

（3）比对第一个切好的长方体（或正方体）切割相同的第二个长方体（或正方体）。

（4）测量两个切好的长方体（或正方体）的长、宽、高，计算面积、体积，记录数值、误差。

任务 3 用任务 1、任务 2 中已经切好的立体图形创意造型（可用剩余食材补充造型），制作一个摆盘作品。

实施思路：

（1）用已切割好的立体图形为基础造型，用剩余食材将造型创意美化。

（2）作品的展示与介绍。

评价检测

1. 评价表 见表 4-1-3。

表 4-1-3 评价表

评价内容及标准	赋 分	等级（请在相应位置画钩）			
		优秀	较优秀	合格	待合格
图形切割精准度	25	25	20	15	10
摆盘造型创意性	25	25	20	15	10
摆盘作品美观性	25	25	20	15	10
介绍作品表达清晰、通顺	25	25	20	15	10
总分	100	实际得分：			

2. 测一测

（1）如图 4-1-11 所示的图形是一个（　　　）的展开图，它的底面半径为（　　　）cm，底面积是（　　　）cm²，侧面积是（　　　）cm²，表面积是（　　　）cm²，体积是（　　　）cm³。

（2）如图 4-1-12 所示，为一个圆柱形蛋糕盒的底面半径是 25 cm，高是 18 cm，用绳子捆扎，底面扎成"十"字形，打结处大约用去 15 cm 长的绳子，那么一共至少需要（　　　）cm 长的绳子。

（3）求图 4-1-13 所示的图形的表面积和体积（单位：cm）。表面积：_____。体积：_____。

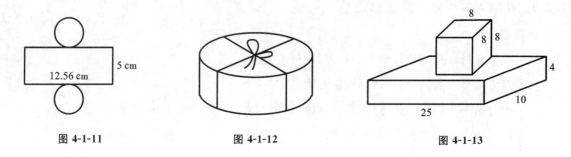

图 4-1-11   图 4-1-12   图 4-1-13

≡▶ **小结提升**

（1）圆柱体、长方体、正方体的图形基本特征以及面积、体积计算公式。

（2）将食材切割成两个相同的圆柱体、长方体（正方体）并进行测量计算。

（3）通过将食材切割成立体图形，丰富造型、创意摆盘，将几何图形更多地用在专业造型制作中。

≡▶ **拓展练习**

任务描述：从（图 4-1-14）中任选一种，利用恰当食材进行切割组装，并上传实物照片。

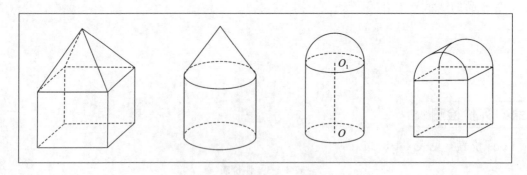

图 4-1-14

≡▶ **知识链接**

一、常见几何体的体积和表面积公式

常见几何体的体积和表面积公式及三视图计算公式。

（1）直棱柱、正棱锥、正棱台的侧面积（c、c' 为底面周长，h 为高，h' 为斜高）

$$S_{直棱柱侧} = ch \quad S_{正棱锥侧} = \frac{1}{2}ch' \quad S_{正棱台侧} = \frac{1}{2}(c+c')h'$$

（2）圆柱、圆锥、圆台的侧面积与表面积（r、r' 为底面半径，l 为母线长）

侧面积：$S_{圆柱侧} = 2\pi rl$ 　$S_{圆锥侧} = \pi rl$ 　$S_{圆台侧} = \pi(r + r')l$

表面积：$S_{圆柱表} = 2\pi r(r + l)$ 　$S_{圆锥表} = \pi r(r + l)$ 　$S_{圆台表} = \pi(r + r')l + \pi(r^2 + r'^2)$

（3）球体表面积

$$S_{球} = 4\pi R^2 (R\text{ 为半径})$$

（4）柱、锥、台、球的体积（S、S' 为底面积，h 为高，R 为半径）

$$V_{柱体} = Sh \quad V_{锥体} = \frac{1}{3}Sh \quad V_{台体} = \frac{1}{3}(S + \sqrt{SS'} + S')h \quad V_{球} = \frac{4}{3}\pi R^3$$

（5）圆柱、圆锥、圆台的体积（r、r' 为底面半径，h 为高）

$$V_{圆柱} = \pi r^2 h \quad V_{圆锥} = \frac{1}{3}\pi r^2 h \quad V_{圆台} = \frac{\pi h}{3}(r^2 + rr' + r'^2)$$

二、常见几何体的三视图及说明（表 4-1-4）

表 4-1-4 　几何体的三视图及说明

几何体	直观图	正（主）视图	侧（左）视图	俯视图	说　明
正三棱柱					直三棱柱的 3 个视图是 2 个矩形和 1 个三角形
正四棱柱					直四棱柱的 3 个视图是 3 个矩形
正六棱柱					直六棱柱的 3 个视图是 2 个矩形（含有线段）和 1 个六边形
圆柱					圆柱的 3 个视图是 2 个矩形和 1 个圆形
正三棱锥					正三棱锥的 3 个视图是 3 个三角形
正四棱锥					正四棱锥的 3 个视图是 2 个三角形和 1 个正方形（含对角线）
正六棱锥					正六棱锥的 3 个视图是 2 个三角形和 1 个六边形（含对角线）

续表

几何体	直观图	正(主)视图	侧(左)视图	俯视图	说　　明
圆锥		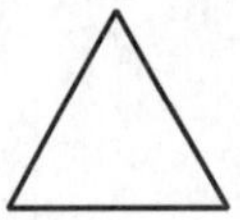	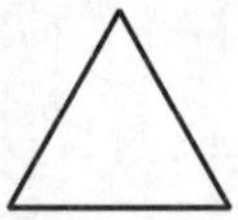	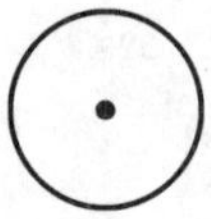	圆锥的 3 个视图是 2 个等腰三角形和 1 个圆
正三棱台	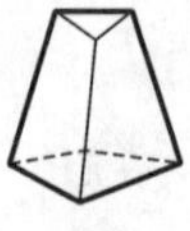	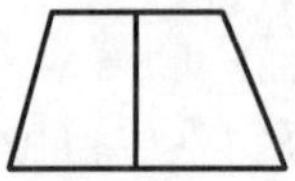	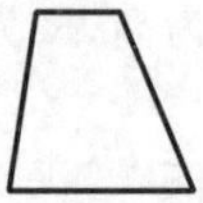	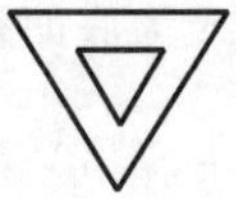	
正四棱台	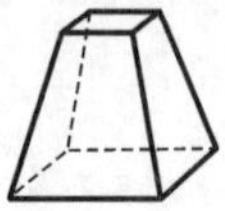	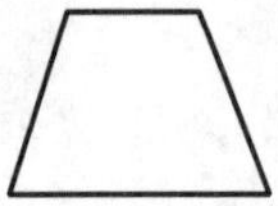	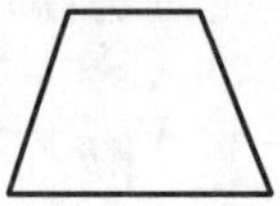	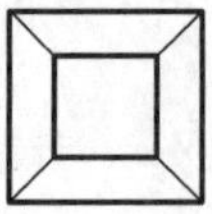	正棱台及圆台的正视图、侧视图均为梯形,俯视图为环形
正六棱台	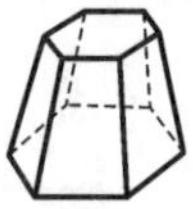	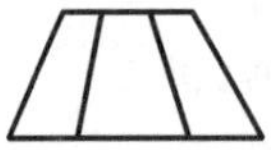	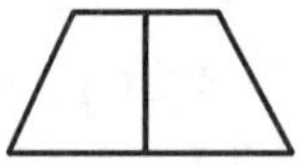	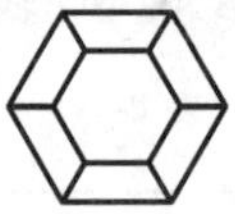	
圆台		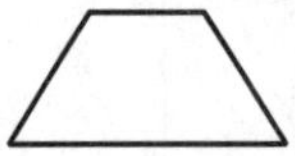	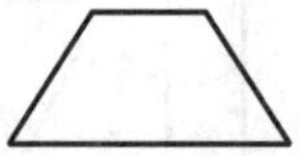	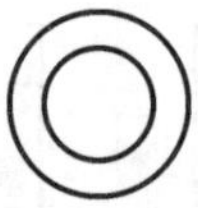	
球	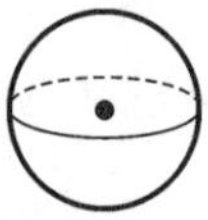	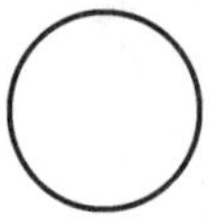	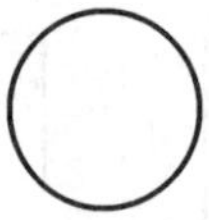	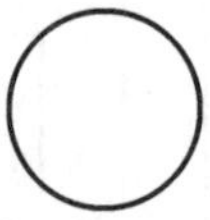	球的 3 个视图均为圆

三视图特点:一般情况下,①视图中有两个是矩形的几何体是柱体;②视图中有两个是三角形的几何体是锥体;③视图有两个是梯形的几何体是台体;④视图中有两个是圆的几何体是球。

第二节　轴对称在烹饪中的应用——创意七巧板

≡▶ 任务要求

厨师长给小劲布置一个任务:用自备的原材料按七巧板模型切割成多种几何图形并组装造型进行摆盘拼盘设计。

本节课以数学中的七巧板为基础图形,结合图形特点,进行变化拼摆,运用数学中轴对称的相关知识要点以及图形的平移旋转进行巧妙的图形摆放设计。

≡▶ 学习目标

(1)理解数学中轴对称的知识要点,能够结合数学中的轴对称原理以及图形平移旋转知识,运用专业实际操作,使造型内容丰富、创新。

Note

（2）了解七巧板的图形特征以及平移旋转的变化规律，能够把切割好的几何图形拼摆成多种造型。

（3）提升知识学习的乐趣，锻炼学生的观察、动手、创意能力。

≡▶ 知识积累

一、数学知识

（一）轴对称定义与性质

1. 轴对称定义   把一个图形沿某一条直线折叠（图 4-2-1），如果它能够与另一个图形重合，就说这两个图形以这条直线为对称轴对称，这条直线称为对称轴，折叠后重合的点称为对称点。

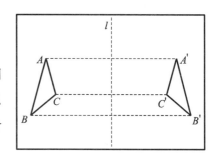

图 4-2-1

2. 轴对称性质

（1）成轴对称的两个图形全等。

（2）成轴对称的两个图形中，对应点的连线被对称轴垂直平分；对应线段相等，对应角相等。

（3）轴对称图形（图 4-2-2、图 4-2-3）：如果一个图形沿着某条直线对折，对折后的两部分能够完全重合，就称这样的图形为轴对称图形。这条直线叫作这个图形的对称轴。

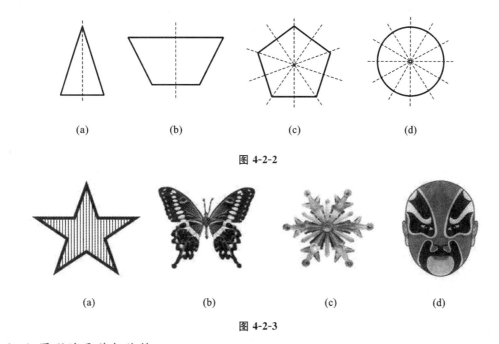

(a)   (b)   (c)   (d)

图 4-2-2

(a)   (b)   (c)   (d)

图 4-2-3

（二）图形的平移与旋转

1. 平移   如图 4-2-4 所示，若把平面图形 F_1 上的各点按一定方向移动一定距离得到图形 F_2 后，则由产生的变换叫平移变换。

平移前后的图形全等，对应线段平行且相等，对应角相等。

2. 旋转   如图 4-2-5 所示，若把平面图 F_1 绕一定点旋转一个角度得到图形 F_2，则由 F_1 到 F_2 的变换叫旋转变换，其中定点叫旋转中心，定角叫旋转角。

旋转前后的图形全等,对应线段相等,对应角相等,对应点到旋转中心的距离相等。

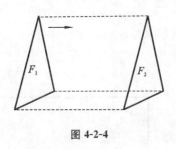

图 4-2-4

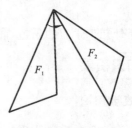

图 4-2-5

（三）七巧板相关知识

1. 背景　七巧板是中国民间流传的一种拼图游戏,起源于宋代,后来传到欧洲、美国、日本等许多国家和地区,又叫作"七巧图""智慧板""流行的中国拼板游戏""中国解谜"等。

2. 图形　见图 4-2-6。

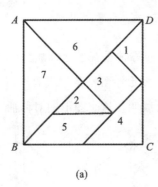

(a)

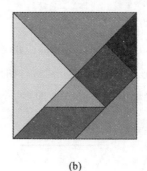

(b)

图 4-2-6

3. 原理　可归纳为如下五句话。

两个大等腰直角三角形;

两个小等腰直角三角形;

一个中等腰直角三角形;

一个正方形;

一个平行四边形。

二、专业知识

（一）刀具选择

本节课可以选取厨师刀、切片刀、果蔬刀等能够按要求精准切割的刀具。

1. 厨师刀　可用于食品任何一个部位的精切、剁碎、碎切、切片和切丁(图 4-2-7)。

2. 切片刀　可以精准地切割薄片,尖尖的"脑袋"还可以让使用者剔骨或把瓜果雕刻得鬼斧神工。

3. 果蔬刀　适用于削蔬菜瓜果的表皮,也适用于切蒜瓣、大葱或其他需要精准切割要求的物料。

（二）食材选择

由于图形的精准比例,增加造型的美观与对称,本节课宜选取萝卜、土豆等易成型的食材。

实物造型如图 4-2-8 所示。

图 4-2-7　　　　　　　　　　　　　　图 4-2-8

（三）颜色选择

摆盘食材可以选取多种颜色，增加造型美观感；对食材切割时注意操作安全。实物造型如图 4-2-9 所示。

扫码看彩图

(a)　　　　　　　　　　　　　　(b)

(c)　　　　　　　　　　　　　　(d)

图 4-2-9

≡▶ **任务实施**

任务 1　每组用自备食材（各种水果等），按比例切割成七巧板中的几何图形。要求尽可能

Note

用不同颜色的食材,使切割原料得到最大化利用。

数学模型如图 4-2-10 所示;拼接造型举例如图 4-2-11 所示。

图 4-2-10

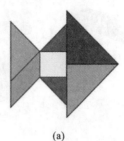

(a)　　　　　(b)

图 4-2-11

食材七巧板造型如图 4-2-12 所示;拼接造型举例如图 4-2-13 所示。

图 4-2-12

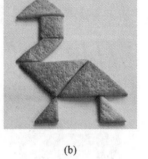

(a)　　　　　(b)

图 4-2-13

每组选取图 4-2-14 中的拼接造型(也可自行创意)进行食材的造型拼接。

图 4-2-14

实施思路:

(1) 准备食材(白萝卜、红萝卜等)、刀具、案板等。

（2）先将食材切割成一个正方形的切片。

（3）按照七巧板图形比例，用已切好的正方形切片切割出食材七巧板。

（4）在造型图里选取造型，用已切好完成的食材七巧板进行拼接摆盘。

任务 2 参照如图 4-2-15、图 4-2-16 所示的图片，用两套已经制作完成的食材七巧板制作一盘造型对称的摆盘作品。

图 4-2-15

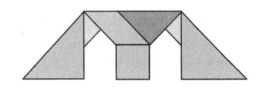

图 4-2-16

实施思路：

（1）依据数学中轴对称原理，可参照提示，也可搜索相关资料，或者自己设计一套用七巧板拼接的轴对称造型。

（2）造型确定后，用已经切割好的食材七巧板进行造型的组装、拼接。

（3）食材七巧板组装拼接完造型后，对整体摆盘造型适当创意、美化。

（4）作品展示与介绍。

≡▶ 评价检测

1. 评价表 见表 4-2-1。

表 4-2-1 评价表

评价内容及标准	赋分	等级（请在相应位置画钩）			
		优秀	较优秀	合格	待合格
图形切割精准度	25	25	20	15	10
拼接效果对称性	25	25	20	15	10
摆盘作品美观性	25	25	20	15	10
介绍作品表达清晰、通顺	25	25	20	15	10
总分	100	实际得分：			

2. 测一测

（1）下面是我们熟悉的四个交通标志图形，请从几何图形的性质考虑，哪一个与其他三个不同？请指出这个图形，并说明理由。

答：这个图形是＿＿＿＿＿（写出序号即可），理由是＿＿＿＿＿＿＿＿＿＿＿＿＿＿＿＿。

（2）判断下列图形是不是轴对称图形。

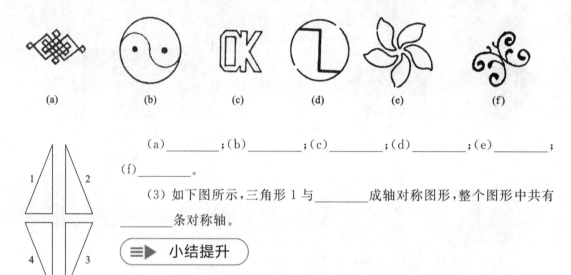

(a)   (b)   (c)   (d)   (e)   (f)

(a)＿＿＿＿；(b)＿＿＿＿；(c)＿＿＿＿；(d)＿＿＿＿；(e)＿＿＿＿；
(f)＿＿＿＿。

（3）如下图所示，三角形1与＿＿＿＿＿成轴对称图形，整个图形中共有＿＿＿＿＿条对称轴。

≡▶ 小结提升

图形的轴对称给我们提供了一种探索、研究、认识图形的重要方式。本节课体现几何图形在专业制作中的应用与创新，运用数学中轴对称的知识要点，设计出关于一轴或多轴对称的摆盘造型；以七巧板作为基础图形，运用数学中的对称美、图形的平移与旋转等知识，将食材拼接、组装成各种创意造型，为烹饪专业摆盘提供更多的造型选择。学习数学知识的同时，为专业的实际应用拓宽思路。

经过今天的学习，你有什么学习体会，请写下来：

≡▶ 拓展练习

（1）参照图4-2-17所示的图片，将数学中的轴对称知识运用到摆盘造型中，设计（原创）一个造型对称的摆盘作品并上传照片。

（2）以七巧板中的图形为基础图形，制作一盘生日数字的造型拼盘，并上传实物图片。（可参照提示（图 4-2-18），也可自行创意）

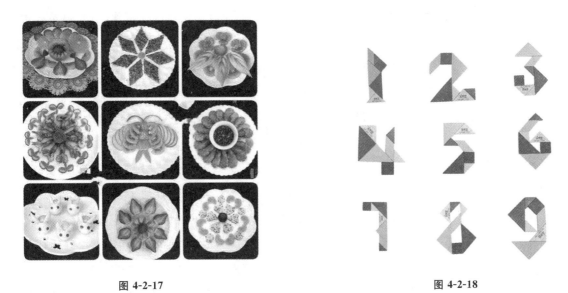

图 4-2-17　　　　　　　　　　　　　　　　　　图 4-2-18

微课：食材的

七巧板制作

（3）上网搜索轴对称食物摆盘图片并上传（1～3 张）。

≡▶ **知识链接**

七巧板的历史

七巧板也称"七巧图"，是中国著名的拼图玩具。因设计科学，构思巧妙，变化无穷，能活跃形象思维，特别是启发儿童智慧，所以深受欢迎。传到国外后，风行世界，号称"唐图"，意即"中国的图板"。

说起"唐图"，自然与唐代有关，它的发明是受了唐代"燕几"的启发。"燕"通"宴"，所谓"燕几"，就是唐朝人创制的专用于宴请宾客的案几，其特点是可以随宾客人数多少而任意分合。它的大致形制，在传世的《韩熙载夜宴图》中可见一斑。到了北宋，任秘书郎的黄伯思对这种"燕几"进行了改进，设计成六件一套的长方形案几系列，既可视宾客多少拼合，又可分开陈设古玩书籍。案几有大有小，但都以六为度，因此取名"骰子桌"。他的朋友宣谷卿看见这套"骰子桌"后，十分欣赏，再为他增设一件小几，以便增加变化，所以又改名"七星桌"。此后，黄伯思专门编了一部《燕几图》公布自己的发明，除介绍"七星桌"的尺寸外，还依其组合变化将图形分为好几种，各取名义如"三函""屏山""回文""垂箔"等。七巧板的雏形，就在这兼备实用价值和艺术审美的图形拼合中产生了。

元明两代，中国的组合式家具顺应都市生活的需要，有了长足发展。许多能工巧匠都借鉴黄伯思的《燕几图》，运用平面木块进行"纸上谈兵"式的设计。有个叫严澄的明朝官员根据《燕几图》的原理，大胆引进三角形，设计成一套十三件的案几系列，合起来呈蝶翅形，分开组合的图形可达百余种，并据此编成《蝶几谱》。在此基础上，从工师设计图板中脱颖而出的拼图玩具产生了，其时间大致在明末清初，由于是用薄木片或厚纸板做成的七件套组合，所以俗称"七巧牌"，溯

Note

其渊源,同黄伯思的"七星"不无联系。

最初的"七巧牌"形制各异。到清代嘉庆年间有"养拙居士"在综理拼玩实践的基础上写成《七巧图》一书刊行后,其形制乃成定式,即大三角形两块,小三角形两块,中三角形、正方形和菱形各一块,合成一个长方形。这种玩具简单到可以由小孩子自己用厚纸板制作,而且玩起来趣味无穷,足以使成人为之着迷,所以流传极广,北京故宫博物院现存的清朝宫廷玩具中,就有一副盛放在铜盒中的七巧板。在此同时,不少七巧板的玩家还编写专书,公布自己的拼图成果,今英国剑桥大学图书馆里,就有清规戒律"桑下客"编的《七巧新谱》藏本。有趣的是,近百年来,西方各国都有专门研究七巧板的书籍问世。相传拿破仑在流放生活中,也曾以拼合七巧板作为消遣。

晚清时文人童叶庚于清光绪十九年夏在七巧板的基础上还另创了"益智图",与"七巧板"相比,该游戏更加精巧奥妙。童氏率其五子,用"益智图"拼出了数以千计的文字。后经童氏整理,由其幼子童大年逐笔勾画,出版了《益智图千字文》。该书详细描述了"益智图"这一拼图游戏及其引人入胜的精妙玩法。当时文人公认童氏发明,构思巧妙,启发心智。

魅力无尽的七巧板游戏直到现在仍是儿童喜爱的智力性娱乐项目,不仅得到了社会的公认,甚至国家教委都明确规定在小学数学课程中必须使用七巧板游戏。数学家们则从组合原理和数学原理的角度,潜心研究它与人工智能、拓扑学,以至同电脑程序设计技术之间的联系,这方面所取得的成果,当然是燕几图、七巧板类的发明者所预想不到的。

第三节　菜肴装饰的点、线、面、体

≡▶ 任务要求

为了应对不断变化的餐饮市场和激烈的竞争环境,吸引更多食客的眼球,锁定并增加品餐人数,各大餐饮单位都很重视菜品的艺术装盘(图 4-3-1 至图 4-3-4)。如果老板让你为一例煎牛排进行合理的摆放,你如何用食材的点线面体创意搭配为顾客服务。

图 4-3-1

图 4-3-2

Note

图 4-3-3   图 4-3-4

学习目标

（1）会用网络查询法为一例西餐煎牛排拼盘进行造型搭配。

（2）了解摆盘的原则标准，初步理解营养与色彩搭配、对称和谐摆放等原则。

（3）了解菜肴摆盘时食材点线面体造型的视觉意义。

（4）增强服务意识，增强现实沟通合作能力，深度体会创新创意对开发美食新产品的价值。

知识积累

一、摆盘前必学的基本功——对称之美

对称美是指图形或物体相对某个点、直线或平面而言，在大小、形状和排列上具有一一对应的关系。对称的物体我们在数学课上也有一定程度的接触。古希腊哲学家曾说过："美的线条和其他一切美的形体都必须有对称的形式。"我们生活在对称美的世界里。

（1）建筑的对称美。例如举世闻名的紫禁城就是对称美格局的完美体现。从功能的角度来看，对称性的建筑通常具有较高的稳定性，在建造的时候也更容易实现。对称就是一种平衡，平衡就会稳定。

（2）人体的对称美。对于人体而言，对称也是美的基本原则之一。双手、双臂、双腿等必须是对称的，然后才能谈得上美。

（3）对称美影响多元化的今天。对称美的事物时时刻刻影响着我们的现代生活。生活中的对称美是形形色色、林林总总的，装点勾勒出五彩缤纷、充满激情与想象的世界。

二、摆盘前必学的基本功——点、线、面、体摆盘技巧

西式点、线、面摆盘技巧很多，但万变不离其宗。美食艺术也从不止于味蕾之间，菜肴出品的艺术性永远是餐饮美学的风向标。分子料理的兴起为点、线、面的出品构成设计赋予了更多内涵。设计返璞归真的回归思潮散布到各个角落，纵观近年来国际菜肴出品的流行趋势，无不突出最本真的点、线、面精髓。这些基本的构成三要素是一切视觉元素的起点。简单的东西或许可以更加凸显出设计的冲击力，菜肴的出品要做得漂亮，对点、线、面、体的装饰把握至关重要。

Note

（一）点

点在构成中具有集中、吸引视线的功能。在几何学上，点只有位置，没有面积。但在实际构成中点要见之于形，并有不同大小的面积。相对于有错落感的盛器"面"，作为"点"的菜肴显得尤为突出。点的连续会产生线的感觉，点的集合会产生面的感觉，点的大小不同也会产生深度与层次感，几个点会有虚面的效果。而分子料理大师费兰·阿德里亚的作品色彩饱满，胶囊样的点状菜肴最适合简化的几何布局。

（二）线

几何学上的线是没有粗细的，只有长度和方向，但构成中的线在图面上是有宽窄粗细的。线的粗细可产生远近关系。垂直线有庄重、上升之感；水平线有静止、安宁之感；斜线有运动、速度之感。线在造型中的地位十分重要，因为面的形是由线来界定的，也就是形的轮廓线。曲线有自由流动、柔美之感。

（三）面

面是体的表面，它受线的界定，具有一定的形状。面有几何形、有机形、偶然形等。

Mezzo BOMBANA 餐厅主厨 Opera Bombana 的出品以规格的线、面融合不规则洒落的花朵、坚果打破几何图形的单调，谱出美妙的意大利乐章。面分两大类：一是实面，二是虚面。实面是指有明确形状的能实在看到的；虚面是指不真实存在但能被我们感觉到的，由点、线密集机动形成。中式摆盘也可以如此效仿！

当然中餐与西餐很大的区别在于合餐制与分餐制，中国人注重团圆的家庭氛围，共享美味的形式与习惯也影响着菜品的摆盘，中餐多选用圆盘容器，也缘于此。

西餐摆盘灵活性大，会注重很多菜品以外的东西，如季节、餐厅风格、菜品主题等，没有固定模式，但是同一盘中不同食材的味道绝对不会互相影响，中餐则是注重传统习惯与色香味全面结合，随着中西交流的增多，中餐的摆盘也逐渐多样化了。

如今中餐厅的传统菜品也渐渐重视摆盘效果，说明摆盘的好坏直接影响客人的食欲，所以摆盘的技巧也是一名厨师必备的技能之一，不可懈怠。其实摆盘的技巧还有很多很多，只有不断地吸取新鲜事物，才能创造独特的摆盘风格，提升专业水平。

三、摆盘前必学的基本功——摆盘的基本形式

混合摆盘、分隔摆盘、立体式摆盘、平面式摆盘、圆柱摆盘、放射状摆盘。

四、摆盘前必学的基本功——摆盘注意事项

（1）选择餐具要符合食物特性。

（2）餐盘大，易塑造菜品样式。

（3）食材纹理和材质一般遵循软对硬、粗糙对顺滑、干燥对黏稠等。

（4）食物摆放要整齐，不可超出盘子边线。

（5）附加内容不要过多。

（6）突出主体食物，忌喧宾夺主。

（7）注意饮食卫生。

五、摆盘前必学的基本功——菜肴摆盘造型的三个基本原则

（一）实用性原则

实用性，即食用性，主要体现在如下两个方面。

（1）符合卫生标准，调制要合理，不使用人工合成色素。

（2）造型菜肴要完全能够食用，要将审美与可食性融为一体，诱人食欲，提高食兴。

（二）技术性原则

中国菜肴造型的技术性主要体现在以下四个方面。

（1）扎实的基本功是基础。

（2）充分利用原料的自然形状和色彩造型，是技术前提。

（3）造型精练化，是技术关键。

（4）盛具与菜肴配合能体现美感，是充要条件。

（三）艺术性原则

实用性是目的，技术性是手段，艺术性对实用性和技术性起着积极的作用，三者密不可分。

≡▶ **任务实施**

任务 1　构思一例煎牛排拼盘。要求：通过赏析经典煎牛排搭配，分析其中点、线、面、体的运用，借鉴其思路和方法完成摆盘设计。

实施思路：

（1）各组查询（网络查询法、热量计算法），构思煎牛排的食材。

（2）每组搭配出一例自己认为最好的煎牛排。

（3）提升与改进。

任务 2　完成一例黄瓜创意拼盘。并介绍其中点、线、面、体的运用，色彩、营养、对称美、意境的把握。

实施思路：

（1）各组查询（网络查询法、热量计算法），构思拼盘的食材。

（2）搭配实践出一例自己拼凑的黄瓜拼盘（图 4-3-5、图 4-3-6），上传到学校学习通平台。

图 4-3-5

图 4-3-6

评价检测

评价表见表 4-3-1。

表 4-3-1　评价表

评价内容及标准	赋分	等级（请在相应位置画钩）			
		优秀	较优秀	合格	待合格
食材摆放对称美	25	25	20	15	10
食材摆放颜色与构图和谐，摆盘食材与餐具搭配合理	25	25	20	15	10
主食材摆盘位置的黄金分割美	25	25	20	15	10
有创新点	25	25	20	15	10
总分	100	实际得分：			

小结提升

摆盘要领：摆盘要把主材放在主位，辅材酱汁摆在辅位，食材的点、线、面、体配合得当，造型有层次，有梯度，有递进。画龙点睛突出主食材的"睛"。

经过今天的学习，你有什么学习体会，请写下来：

拓展练习

（1）摆盘的基本形式为_____、_____、_____、_____、_____。

（2）摆盘注意事项是_____、_____、_____、_____、_____、_____。

（3）菜肴摆盘造型的三个基本原则是_____、_____、_____。

（4）摆盘要注意_____美。

（5）大龙虾刺身摆盘时用冰块铺成_____垫底，放在盘子的_____位置，冰块既可以突出鲜美的嫩龙虾肉，还可以利用冰块降温，搭配花朵和绿色叶子，衬托主食材，增加美感，刺激食欲。盘子最好是_____形（圆形还是椭圆形）。

Note

≡▶ 知识链接

一、菜肴的造型方法和菜肴的装饰方法

1. 几何形体的造型　烹调原料经过刀工处理后的各种形状,主要以片、丁、丝、条、块、段、茸、末、粒、球、花为主,它们是菜肴基本的造型表现形式。通常也借助机械操作和一些模具予以造型。

2. 象形形体的造型　利用原料的可塑性,以自然界某一具体物象为对象,用烹调原料摹仿制作出形似该物象特征的形体。一般分为仿烹饪原料造型和仿自然形体造型两种。

（1）仿烹饪原料的造型　这是容易让人接受的一种菜肴造型,通常是将一种或几种烹饪原料制作成另一种烹饪原料的形态。如素排骨、素火腿、仿鸡腿、仿金橘饼等。

（2）仿自然形体的造型　仿自然形体是以自然界或生活中某一具体的形象为对象,结合烹饪原料可塑性的特点,对烹饪原料加以处理,成为具有一定形体特征和物象特点的菜肴。它在中国烹调工艺学中有重要的地位,也是中国造型发展的方向。如孔雀形（孔雀武昌鱼）、梳子形（梳子腰片）、琵琶形（琵琶鱼糕）等。

3. 菜肴造型的基本手法　通过一定的技术和工艺流程,把菜肴造意用实用性的烹调原料表现出来。

1）凉菜造型的表现技法

（1）点堆法　把类似圆点的熟制凉菜,按其大小的不同和造型的要求在盘中进行堆放,如麻仁球等。

（2）块面平放法　将成形的块面,用刀切成便于食用的小块,平放于盘中成形,如水晶鱼冻等。

（3）块面堆码法　将成形的各种块面,按形象需要,进行堆码。一般堆码成长方体或扇形等,如姜葱熏鱼、凉拌瓜条等。

（4）围摆成形法　一种非常讲究刀面的成形技法,也是传统凉菜独碟的主要成形技法之一。分垫底、围边、盖面三个步骤,主要适用于荤料。垫底,是把一些零碎、不整齐的原料放在底部。围边,是指首先削整好原料形状,再切成薄片均匀铺开,然后围摆在垫底料周边(一般从顺、逆时针两方向围摆)。盖面,是指装上刀面料,整体造型多呈元宝形。

（5）自然成形法　将一些丝、丁等原料进行堆放,成为自然形状。

2）热菜造型的表现技法　最常见的主要有以下几种。

（1）花刀处理法。

（2）卷包法　把一些茸、末、丝、丁、片等小型原料,按有色与无色区分,放于具有韧性的大片原料上或食用性纸片上,再卷包成简单的形状,形成长方体、正方体、棱锥体等。

（3）酿填法　在一种原料上放上其他原料的成形方法。通常将鸡、鸭、鱼等整形原料去骨(刺),再填入相关原料,让其形态饱满,使其恢复原有自然形态或转变成其他形态。如八宝鸡(鸡去骨后填入八宝料)、鱼咬羊(鱼从背部去骨刺后填入羊肉馅料)、葫芦鸭(鸭去骨后填入八宝料,并做成葫芦形状)等。

（4）镶嵌法　把一个物体镶嵌到另一物体内或围在另一物体的边缘，主要用于整体原料之间的组合。如掌上明珠，即把鹌鹑蛋镶嵌于加工好的鸭掌上。一般来说，围摆原料多为植物性原料，且色泽艳丽、形象突出，主要起到美化主料、装饰整体效果的作用。

3）热菜装盘成形的基本方法

（1）直接装盘法　将片、丁、丝、小块、小段等小型原料经过炒、烧、焖等烹调后，直接装盘，呈自然几何形状，一般多堆起（图4-3-7）。

（2）平行排列法　将蒸制、炸制、烤制的片、条、段、块、卷等成形美观的菜肴，用平行排列的方法装盘（图4-3-8）。

（3）放射排列装盘法　菜肴造型呈放射状，最典型的是炒菜心，取圆平盘，按菜心纵向朝盘中围摆，分向心式与离心式两种，菜叶朝外为向心式，朝里为离心式（图4-3-9）。

图 4-3-7　　　　　　　　　图 4-3-8　　　　　　　　　图 4-3-9

（4）对称排列装盘法　根据对称原理，将同色、同形、等量的菜肴均匀地装盘，使之形成完全均衡的图形，一般用于成形美观、大小均匀一致的小型条状或块状原料（图4-3-10）。

（5）围摆装饰成型法　根据色彩的搭配规律和整体形状的要求，将各种形状装饰形体摆在菜肴四周，使菜肴呈现出明显的围边装饰效果（图4-3-11）。

图 4-3-10　　　　　　　　　　　　　　图 4-3-11

（6）整体菜肴自然分解成形法　先把能突出整体原料特征的部分取下，再将主要食用部分分解成一定的形状，组合拼摆在盘中。多见于整体的动物类菜肴，例如将整只鸭的头部、腿部、翅膀取下，其他部分剁块，再复制成整体形状装盘。

二、摆盘的基本形式

混合摆盘：这种摆盘适用于不同颜色，不同食材的菜品，加调汁拌匀即可。

分隔摆盘：将不同味道的原料或菜品放在同一盘的不同隔断中，较常见。

立体式摆盘：在西餐中很常见，如今中餐也经常使用，这种形式需要设计感和想象力，错落有致的立体式摆盘可呈现出时尚现代感。

Note

平面式摆盘：重叠平铺于容器之上，适用于片状冷餐，如冷肉品等。

圆柱摆盘：与立体摆盘异曲同工，但它不需要复杂的造型设计，只要将食物放在盘中成圆柱状，主体美观且整洁。

放射状摆盘：有统一感，而且主次分明，放射开的图案更显整齐。

三、菜肴摆盘造型的三个基本原则

（一）实用性原则

实用性，即食用性，有食用价值，防止"中看不中吃"。这是一条总的原则，是菜肴造型的基本前提条件。菜肴造型的食用性，主要体现在两个方面。

（1）符合卫生标准，调制要合理，不使用人工合成色素。

（2）造型菜肴要完全能够食用，要将审美与可食性融为一体，诱人食欲，提高食兴。

（二）技术性原则

技术性是指应当具备的知识技能和操作技巧。烹调原料从选料到完成菜肴造型，技术性贯彻始终，并且起着关键作用。中国菜肴造型的技术性主要体现在四个方面。

1. 熟练掌握实际操作技能 菜肴造型技术，是一定基本功的客观反映，扎实的基本功能为菜肴造型提供了技术基础。菜肴造型技术的基本功主要包括以下五点。

（1）选料合理，因材施用，减少浪费，物尽其物。

（2）讲究刀工，刀法娴熟，切拼图形快速准确。

（3）原料加热处理适时适宜，有利于菜肴造型。

（4）基本调制技能过关。

（5）懂得色彩学的基本知识，并能灵活运用。

2. 充分利用原料的自然形状和色彩造型 烹调原料都有特定的自然形状和色彩，尽可能充分利用原料的自然形状和色彩，组成完美的菜肴造型，既遵循自然美法则，又省工省时。例如，黑白木耳形似一朵朵盛开的牡丹花，西红柿形如仙桃等。如果在表现技法上加以适当利用，使形、情、意交融在一起，能收到强烈的表现效果。

3. 造型精练化 从食用角度看，菜肴普遍具有短时性和及时欣赏性，造型菜肴也同样如此。高效率、快节奏是现代饮食生活的基本特点之一，尤其是在饮食消费场所，客人等菜、催菜，十分影响就餐情绪，弄不好容易造成顾客投诉。造型菜肴要本着快、好、省的原则完成制作全过程：一要做好充分准备；二要精练化，程序和过程宜简不宜繁，能在短时间内被人食用；三是在简洁中求得更高的艺术性，不失欣赏价值。

4. 盛具与菜肴配合能体现美感 不同的盛具对菜肴有着不同的作用和影响，如果盛具选择适当，能衬托菜肴的美感。盛具与菜肴的配合应遵循以下原则。

1）盛具的大小应与菜肴分量相适应

（1）量多的菜肴使用较大的盛具，反之则用较小的盛具。

（2）非特殊造型菜肴，应装在盘子的内线圈内，用碗、炖盆、砂锅等盛装的菜肴应占容积的80%～90%，特殊造型菜肴可以超过盘子的内线圈。

（3）应给菜盘留适当空间，不可堆积过满，以免有臃肿之感。否则，既影响审美，又影响食欲。

2）盛具的色彩应与菜肴色彩相协调

（1）白色盛具对于大多数菜肴都适用，更适合造型菜肴。

（2）白色菜肴选用白色菜盘，再加以围边点缀，最好选用带有淡绿色或淡红色的花边盘盛装。

（3）冷菜和夏令菜宜用冷色食具，热菜、冬令菜和喜庆菜宜用暖色食具。

3）菜肴典故与器皿图案要和谐　中国名菜"贵妃鸡"盛在饰有仙女拂袖起舞图案的莲花碗中，会使人很自然地联想起能歌善舞的杨贵妃酒醉百花亭的故事。"糖醋鲤鱼"盛在饰有鱼跃龙门图案的鱼盘中，会使人情趣盎然，食欲大增。

4）菜肴的品质应与器皿的档次相适应

（1）高档菜、造型别致的菜选用高档盛器。

（2）宁可普通菜装好盘，也不可好菜装次盘。

（三）艺术性原则

菜肴的艺术性，是指通过一定的造型技艺形象地反映造型的全貌，以满足人们的审美需求，它是突出菜肴特色的重要表现形式，能通过菜肴色、形、意的构思和塑造，达到景入情而意更浓的效果。

中国菜肴造型的艺术性主要表现在以下两大方面。

1. 意境特色鲜明　意境，是客观景物和主观情思融合一致而形成的艺术境界，具有情景相生和虚实相成以及激发想象的特点，能使人得到审美的愉悦。中国菜肴造型由于受多种因素的制约，使意境具有其鲜明的个性化特色。

1）菜肴造型受菜盘空间制约，其艺术构想和表现手法具有明显的浓缩性。

2）艺术构想以现实生活为背景，以常见动植物烹饪原料形态为对象，是对饮食素材的提炼、总结和升华，强调突出事物固有的特征和性格。

3）艺术构想以食用性为依托，以食用性和欣赏性的最佳组合为切入，以进餐规格为前提，以深受消费者认可和欢迎为出发点，以时代饮食潮流为导向。

4）艺术构想必须具有很强的可操作性，要使技术处理高效快速、简洁易行。

5）艺术构想的内容和表现形式受厨师艺术素养的制约。丰富和提高厨师的艺术素养是菜肴造意的基础。

6）造意手法多样，主要表现为比喻、象征、双关、借代等。

（1）比喻　用甲事物来比喻与之有相似特点的乙事物，如"鸳鸯戏水"是用鸳鸯造型来比喻夫妻情深恩爱。

（2）象征　以某一具体事物表现某一抽象的概念，主要反映在色彩的象征意义和整个立体造型或某一局部的象征意义等方面。这里用色彩的象征意义进行说明。

红色——象征热情、奔放、喜庆、健康、好运、幸福、吉祥、兴奋、活泼。

橙色——象征富丽、辉煌。

黄色——象征伟大、光明、温暖、成熟、愉快、丰收、权威。

灰黄——象征病态。

绿色——象征春天、生机、兴旺、生命、安静、希望、和平、安全。

白色——象征光明、纯洁、高尚、和平、朴实。

黑色——象征刚健、严肃、坚强、庄严。

蓝色——象征宽广、淡雅、恬静。

紫色——象征高贵、娇艳、爱情、庄重、优越。

褐色——象征朴实、健康、稳定、刚劲。

（3）双关 利用语言上的多义和同音关系的一种修饰手法。菜肴造型多利用谐音双关。如"连年有余鱼"等。

（4）借代 以某类事物或某物体的形象来代表所要表现的意境，或以物体的局部来表现整体，如"珊瑚鳜鱼"是借鳜鱼肉的花刀造型来表现珊瑚景观。

2. 形象抽象化

菜肴造型的形象特征表现为具象和抽象两大类。具象主要是指用真实的物料表现其真实的特征，在形式上主要表现为用真实的鲜花等进行点缀，以烘托菜肴的气氛。

抽象化是造型菜肴最主要的艺术特征，它不追求逼真或形似，只追求抽象或神似。因此，在艺术处理上通常表现为简洁、粗犷的美。

第四节 黄金分割与盘饰美化

≡▶ 任务要求

为了应对不断变化的餐饮市场和激烈的竞争环境，吸引更多食客的眼球，锁定并增加品餐人数，各大餐饮单位都很重视菜品的艺术装盘。如果老板让你为一例煎牛排进行合理摆放，你如何用黄金分割原理创意搭配为顾客服务。

≡▶ 学习目标

（1）主食材放在餐具的黄金位置上。

（2）了解菜品艺术装盘的必要性，掌握艺术装盘的最高原则——食用性与整体美。

（3）增强服务意识，增强现实沟通合作能力，深度体会创新创意对开发美食新产品的价值。

≡▶ 知识积累

一、菜品艺术装盘的必要性和原则

艺术装盘是与时俱进的时代要求。菜肴的装饰艺术提升更能满足美食与食美的精神需求。菜品艺术装盘和装饰有以下原则可供参考。

Note

（1）展现食材的原始颜色。

（2）传统习惯下装盘，创新要兼顾传统。

（3）丰富食材品种。

（4）高雅元素的融入。

（5）创新理念的搭配突破。

二、菜品艺术装盘时的黄金分割原则

黄金分割又称黄金律，是指事物各部分之间一定的数学比例关系，即将整体一分为二，较大部分与较小部分之比等于整体与较大部分之比，其比值为 1：0.618 或 1.618：1，即长段为全段的 0.618。0.618 被公认是最具有审美意义的比例数字。上述比例是最能引起人的美感的比例，因此被称为黄金分割比例。

这个数字在自然界和人们生活中到处可见。例如：人的肚脐是人体总长的黄金分割点，人的膝盖是肚脐到脚跟的黄金分割点；大多数门窗的长宽之比是 1：0.618；有些植茎上，两张相邻叶柄的夹角是 137°28′，这恰好是把圆周分成 1：0.618 的两条半径的夹角，研究发现，这种角度对植物通风和采光效果最佳。

建筑师们对黄金分割特别偏爱，无论是古埃及金字塔，还是巴黎圣母院，或者是法国埃菲尔铁塔，都与黄金分割相关。人们还发现，一些名画、雕塑、摄影作品的主题，大多在画面的 0.618 处。艺术家们认为弦乐器的琴马放在琴弦的 0.618 处，能使琴声更加柔和美妙。相信大家非常熟悉有经验的舞台报幕员的站位。

黄金分割，被世人称为和谐之美，0.618 被誉为黄金数、神圣的比例、宇宙的美神。

三、菜品艺术装盘时应遵循的原则和方法

四个基本原则：多元的酱汁；丰富的颜色；立体化呈现；流动的感觉。

西餐以主菜为主，通过酱汁和其他配菜的搭配呈现良好的视觉效果，它使人们的食欲得到激发，在整体形态上会呈现出放射、同心等效果。流动的感觉赋予西餐菜肴内在精神。

西餐菜肴艺术装盘有三个基本搭配元素，即主菜、配菜、少司。

菜品艺术装盘的最高原则是食用性与整体美。

≡▶ 任务实施

任务 1　创意大丰收摆盘。

实施思路：

（1）各组查询构思大丰收创意拼盘需要的食材、餐具与创意。

（2）完成大丰收创意拼盘，尤其要注意目测盘子的三分之一处，把主创意食材摆放在核心位置。

（3）提升与改进常见拼盘的水平，各组在学习通平台上讨论处交流。

在学习通平台上进行全班交流汇总，要突出交流各组的四个方面，即准备餐盘与食材、切割食材、黄金摆放造型、分析鉴赏。

评价表见表 4-4-1。

Note

表 4-4-1　评价表

评价内容及标准	赋　　分	等级（请在相应位置画钩）			
		优秀	较优秀	合格	待合格
食材摆放对称美	25	25	20	15	10
食材摆放颜色与构图和谐，摆盘食材与餐具搭配合理	25	25	20	15	10
主食材摆盘位置的黄金分割美	25	25	20	15	10
有创新点	25	25	20	15	10
总分	100	实际得分：			

任务 2　分析一例菜品的主创意食材摆放在黄金分割点的意义。

（1）请分析创意摆盘（图 4-4-1）主食材是否放在黄金分割点上以及如何找到黄金分割点。

图 4-4-1

（2）盘中甜酸虾及龙眼，可以进行哪些新菜品创意替换？

（3）课上汇报交流主食材如何摆放在黄金分割点，以及摆放的意义。

≡▶ 评价检测

1. 评价表　见表 4-4-2。

表 4-4-2　评价表

评价内容及标准	赋　　分	等级（请在相应位置画钩）			
		优秀	较优秀	合格	待合格
食材摆放对称美	25	25	20	15	10
食材摆放颜色与构图和谐，摆盘食材与餐具搭配合理	25	25	20	15	10
主食材摆盘位置的黄金分割美	25	25	20	15	10
有创新点	25	25	20	15	10
总分	100	实际得分：			

2. 测一测

(1) 菜品艺术装盘的四个基本原则：_____、_____、_____、_____。

(2) 菜品艺术装盘的三个搭配：_____、_____、_____。

(3) 菜品艺术装盘的最高原则：_____。

(4) 黄金分割点在全长的_____处。

(5) 一盘澳洲龙虾，应该把主材龙虾放在椭圆形盘子的何处？

(6) 我校举办中西餐"创新菜肴摆放手抄报比赛"。手抄报规格统一设计成长 0.8 m 的黄金矩形（黄金矩形的长与宽的比是 1.618∶1），则宽为_____m。

≡▶ **小结提升**

器具的三分之一处为黄金位置，摆盘要把主食材放在黄金位置上，画龙点睛突出主食材。

图 4-4-2

≡▶ **拓展练习**

一、点评此菜品摆盘的黄金分割美

1. 实施任务

(1) 各个小组分析构思造型，如图 4-4-2 所示。

(2) 寻找餐具的黄金位置，把关键的主食材放置于黄金位置，完成摆放。

(3) 交流分享，提出意见与建议，改进不足。

2. 评价表　见表 4-4-3。

表 4-4-3　评价表

评价内容及标准	赋　分	等级（请在相应位置画钩）			
		优秀	较优秀	合格	待合格
食材摆放对称美	25	25	20	15	10
食材摆放颜色与构图和谐，摆盘食材与餐具搭配合理	25	25	20	15	10
主食材摆盘位置的黄金美	25	25	20	15	10
有创新点	25	25	20	15	10
总分	100	实际得分：			

二、点评澳洲龙虾摆盘的黄金美

任务　分组课前上网搜索相关图片，课上展示分享交流讨论。课后提升。

实施思路：

(1) 各个小组搜索澳洲龙虾摆盘照片。

(2) 分析造型的亮点以及主食材摆放在黄金分割点的意义。

（3）分享汇总交流，提出改进意见。

≡▶ 知识链接

西餐菜肴的装饰能够反映西餐的特点，装饰艺术随着厨师能力的提升在技术和美观上更加符合人们的需求。装饰艺术要符合西餐菜肴的特点和要求，为西餐菜肴增添全新的现代元素，随着装饰艺术的不断发展，西餐菜肴在色泽、形状等方面都会出现创新突破，同时盛器的利用也能够赋予西餐菜肴更高的艺术性。西餐菜肴装饰艺术多元化发展使人们在满足食欲的同时审美能力也得到提高。

一、菜品艺术装盘的必要性和原则

艺术装盘是与时俱进的时代要求。菜肴的装饰艺术反映出人们新时期的审美特点，菜肴的整体性美观效果提升，更能满足美食与食美的精神需求。菜品艺术装盘有以下原则可供参考。

（一）展现食材的原始颜色

在食材原始颜色的基础上进行简单的烹调搭配，根据食材本身进行菜肴的美化是提升装饰艺术的关键。例如番茄、芦笋、黄瓜、土豆、奶油、芝士等都可以根据它们自身的颜色进行搭配，这样构成的菜肴在颜色上更加接近自然效果。

（二）传统习惯下装盘，创新要兼顾传统

西餐在装盘的过程中要根据传统习惯进行，特别是主菜在烹调上要选择合适的配菜，这样的搭配不会破坏食材的整体感。例如牛排烧烤、煮鱼配土豆等。在一份主菜中最好要搭配三种以上不同的颜色，这样呈现出来的美感效果能够吸引更多的人关注，并且增强人们的食欲。

（三）丰富食材品种

在主菜上要搭配多种食材，保证人们能够获取充足的蛋白质等。再将蔬菜等进行添加使主菜维生素等含量符合人体需求。

（四）高雅元素的融入

高档餐处处体现精致和高雅，因此它在装饰上要求融入现代艺术，如美术效果的少司。

（五）创新理念的搭配突破

西餐菜肴在装饰艺术上要不断进行突破，在传统框架下实现艺术追求。装饰艺术可以借鉴中餐，在原材料、工艺等方面可以实现这种突破。以精湛的刀工对食材的形态、摆放位置等进行多种装盘手法的创新。西餐与中餐在装饰艺术上可以互相借鉴，吸收先进的理念和手法才能够实现自身的快速发展。

二、菜品艺术装盘时主食材摆放要遵循黄金分割的原则

（一）黄金分割的起源与发展

古希腊雅典学派的第三大数学家欧道克萨斯首先提出黄金分割。所谓黄金分割，指的是把长为1的线段分为两部分，使其中一部分对于全部之比，等于另一部分对于该部分之比。

如图 4-4-3 所示，设有一根长为 1 的线段 AB 在靠近 B 端的地方取点 C，使 $AC : CB = AB : AC$，则点 C 为 AB 的黄金分割点。

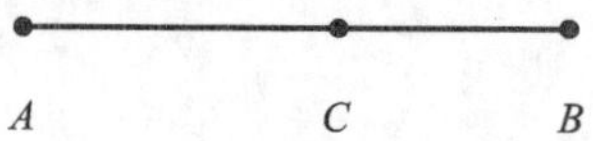

设 $AC = x$，则 $BC = 1 - x$，代入 $AC : CB = AB : AC$ 可得到

图 4-4-3

$$x : (1 - x) = 1 : x$$

化简为

$$x^2 + x - 1 = 0$$

解得：

$$x_1 = \frac{-\sqrt{5} - 1}{2}; \quad x_2 = \frac{\sqrt{5} - 1}{2}$$

其中 x_1 为负值，舍掉。

所以 $AC = \dfrac{\sqrt{5} - 1}{2} \approx 0.618$。

黄金分割又称黄金律，是指事物各部分间一定的数学比例关系，即将整体一分为二，较大部分与较小部分之比等于整体与较大部分之比，其比值为 $1 : 0.618$ 或 $1.618 : 1$，即长段为全段的 0.618。0.618 被公认是最具有审美意义的比例数字。上述比例是最能引起人的美感的比例，因此被称为黄金分割。

有趣的是，这个数字在自然界和人们生活中到处可见，例如：人们的肚脐是人体总长的黄金分割点，人的膝盖是肚脐到脚跟的黄金分割点；大多数门窗的宽长之比也是 0.618；有些植茎上，两张相邻叶柄的夹角是 $137°28'$，这恰好是把圆周分成 $1 : 0.618$ 的两条半径的夹角，研究发现，这种角度对植物通风和采光效果最佳。

建筑师们对黄金分割特别偏爱，无论是古埃及金字塔，还是巴黎圣母院，或者是法国埃菲尔铁塔，都与黄金分割相关。人们还发现，一些名画、雕塑、摄影作品的主题，大多在画面的 0.618 处。艺术家们认为弦乐器的琴马放在琴弦的 0.618 处，能使琴声更加柔和甜美。

（二）黄金分割在数学中的渗透

随着新课程改革的进行，数学教学不只是简单的知识传授，更加注重对数学思想方法的总结，使之能被学生完全领悟并应用，进而更好地发挥数学的作用。

黄金分割就是数学思想的集中体现，尤其是"数形结合"思想，因此，黄金分割被称为神圣的比例，0.618 同时也被誉为黄金数。被世人称为和谐性的最完美的表现，0.618 是宇宙的美神。

（三）黄金分割法的启示

随着社会的发展，人们发现黄金分割在自然和社会中有着极其广泛的应用。例如，优选法中有两种方法与黄金分割有关。其一是 0.618 法，它是美国数学家基弗于 1953 年提出的一种优选法，从 1970 年开始在我国推广，取得很好的经济效益。在现代最优化理论中，它能使我们用较少的实验找到合适的工艺条件和合理的配方。虽然黄金分割数是一个无理数，0.618 是它的一个近似值，但在实际应用中已足够精确。其二是分数法，它取的也是黄金分割数的近似值，但不是 0.618，而是黄金分割数的连分数展开式的渐近分数，也就是采用某一个"斐波那契数列"分数。黄金分割运用也表现出数学发展的一个规律，它表明研究和发展数学理论是十分重要的。纯理论的发展对实践的作用也许不是直接的，但它所揭示的自然规律必将指导人们的社会实践。因此一方面我们遇到问题应该寻找数学方法解决，另一方面，我们也应为纯数学理论开辟应用领域。

三、菜品艺术装盘时应遵循的原则

西餐菜肴装饰艺术的四个基本原则:西餐菜肴在饮食文化的呈现上要比中餐更加具有广泛性,不同地区的饮食特点在风格味道表现上差异较为明显。

(一)多元的酱汁

酱汁在西餐菜肴中的应用需要控制,合理的酱汁量对于提升西餐的品质具有重要的影响。在一般情况下酱汁都不宜过多。酱汁的添加在形态上以对称的几何图形为主调,凝固的少司、深黑的醋汁可增添美观效果。

(二)丰富的颜色

在一般情况下西餐需要搭配三种以上的颜色,主菜、配菜等都属于一个色系,这就要在酱汁或者其他装饰物上进行颜色的选择,不同食材在颜色上有着明显的区别。

(三)立体化呈现

西餐在装盘上采用的手法需要多样化,堆、叠、铺等会增加菜肴的品质,立体化的视觉效果会给人呈现一种丰满的感觉,使人们的注意力更加集中到菜肴中。

(四)流动的感觉

西餐以主菜为主,通过酱汁和其他配菜的搭配呈现良好的视觉效果,它使人们的食欲得到激发,在整体形态上会呈现出放射、同心等效果。流动的感觉赋予西餐菜肴内在精神。

西餐更加注重装饰,通过摆盘等实现主菜、配菜、少司的合理搭配,使人们在享受美食的同时视觉美感也得到满足。

1. 主菜 牛肉、羊肉、鸡肉、鱼虾等原材料的制造需要通过卷、绑、穿等手法完成烤、煎、炸等,丰富的造型在盛器中会使食材的美感效果不断提升。摆盘造型是主菜进行装盘的重要方式,主菜单一性较为明显,大型材料装盘一般放置在中心位置,配菜放置在两侧或者多侧,这样能够显示出中心菜肴的丰富性。例如,煎西冷牛排黑胡椒少司,牛排作为主菜放置在中心,其他配菜如土豆、西蓝花等放置在一侧。采用叠拼造型也是主菜较为常见的装饰方法。这种方法适用于两种以上食材构成的西餐菜肴。通过将食材进行切割制作成不同数量、等分的主菜,再利用装盘将主菜进行叠拼,能够突出菜肴的立体感觉。放射造型方法主要针对柱型菜肴,将主菜通过卷的方式实现菜肴成形。将配菜围绕主菜周围呈现放射性装饰,在摆盘的时候要注意菜肴的色彩搭配。煎牛肉卷配松茸等都是通过这种方式呈现的。

2. 配菜 在西餐中配菜的使用能够提升整体菜肴的营养价值,是对主菜在营养方面的补充,增加菜肴质感。土豆、蔬菜以及谷物等是配菜的主要形式。配菜可以单独使用土豆制品,或者是将土豆与不同颜色的蔬菜进行搭配。米饭或者面食等也可以作为配菜使用。配菜随着人们审美和饮食健康的要求逐步提升,可观赏性的呈现需要配菜的运用在形式和内容上进行创新。配菜品种要多样化,传统食材与现代食材进行协调挖掘,配菜品种更加丰富,装饰效果上也呈现出不同形态质感,配菜体现出的地域特色也是丰富西餐的重要方式。对于配菜要进行合理加工,丰富的色彩有助于美化西餐。西餐最为重视色彩的利用,一种西餐在色彩上会呈现两种或以上的颜色。颜色的多样化能够避免菜色单调影响食欲,使西餐菜肴不会显得呆板。西餐要符合配色规律,强调色系的反差。例如意大利菜肴主要是用红、绿、白三种颜色,这与意大利国旗颜色有着直接的关系。配菜在制作方式上要突出主菜的特色,只有符合主菜才能够使西餐的装饰效果达到目的。例如在蔬菜汤中添加黄油蒜蓉面包等。合理的空间布局使配菜效果更加适度。西餐空间布局要适当,犹如绘画一样注重留白。主菜与配菜之间保持适当的空间会使双方的联系效果更加密切并且不会显得食物单一,能达到最佳的视觉效果。

3. 少司　人们在品尝美食之前,对菜肴的认知首先是视觉形象。菜肴的视觉形象是人们进行品尝的第一印象,直接影响菜肴的评价。人们对于菜肴的形象越来越重视。西餐菜肴避免了奢华烦琐,更加注重食材自身形象,给人一种呼之欲出的效果。能够在整体上凸显出菜肴的魅力,装饰只是对菜肴起到点缀的作用。因此,在西餐装饰上厨师会想尽各种办法。少司要与菜肴单独制作,它是增加西餐菜肴整体效果的重要内容,经过厨师专门制作的调味汁在美化西餐菜肴上具有的效果是其他食材所不具备的。少司的制作要符合现代美术元素。将少司制作成为不同形态,增加菜肴的延伸效果。少司与主菜、配菜进行的巧妙结合会激发出食材的自然品位,既能够突出主菜的特色,同时也会实现局部美感效果的增强。少司的使用要适量,一种食材会对应一种少司。不同少司经过与食材的结合会增加整体美感。少司多元化的效果会丰富菜肴品质,使造型更加完美。选择装饰物会使这种效果更加突出,果仁、香料、香草等都会成为重要的装饰物。经过精美的盛器装盘提升西餐菜肴内在效果。人们在重视装饰艺术的同时也会根据不同客人的口味需求进行少司的调配。

第五章

数据填报与分析

第一节 统计表的填报与分析

≡▶ 任务要求

月末,餐厅会计小松要完成餐厅成本核算的报表,其中一项就是本月餐厅消耗的菜品原料的成本,请你帮小松算算 1 kg 西蓝花的成本是多少?

≡▶ 学习目标

(1)了解什么是原料的成本,菜品成本计算的方法。

(2)能够运用成本计算公式准确计算出各种原料的成本。

(3)能够利用网络工具或资料准确查找原料价格和净料率。

(4)提高经营成本意识,体会数据在餐厅经营管理中的重要作用。

≡▶ 知识积累

成本的计算

(一)查一查

1.菜品成本的定义 菜品成本就是菜品的各种原料的价格。

2.菜品成本的内容 菜品成本包含菜品的主料、配料以及调料等的成本(图 5-1-1)。

(二)记一记

1.净料率 食材原料(主配料)的出料率。

2.出料率计算公式

出料率=(净料数量÷原来的原料数量)×100%

图 5-1-1

微课:菜品成本的计算

Note

（三）搜一搜

0.5 kg 冰冻虾仁的出料率为 80%；

整条三文鱼的出料率为 46%；

水发海参的出料率为 80%；

茄子的出料率为 80%；

西蓝花的出料率为 70%；

青椒的出料率为 80%；

青笋的出料率为 40%。

（四）想一想

净料成本：计算公式为原料价格÷净料率＝净料价格（成本）。

（五）算一算

计算步骤：

（1）查询食物原料出料率。

（2）市场调查或查询食物原料价格。

（3）将原料价格与净料率相除。

例1 计算出 1 kg 西蓝花的成本是多少？

解：

（1）查：西蓝花的出料率为 70%。

（2）调：西蓝花的价格为每千克 9.6 元。

（3）算：净料价格（成本）＝原料价格÷净料率＝9.6÷70%＝13.71（元）

答：1 kg 西蓝花的成本是 13.71 元（图 5-1-2）。

图 5-1-2

图 5-1-3

例2 计算青笋的成本是多少？（图 5-1-3）

解：

（1）查：青笋的出料率为 40%。

（2）调：青笋的价格为 10.4 元/kg。

（3）算：净料价格（成本）＝原料价格÷净料率＝10.4÷40%＝26（元）

答：1 kg 青笋的成本价格是 26 元。

Note

任务实施

任务 1 计算菜品吉利龙凤球(图 5-1-4)的主要原料成本(鸡胸肉 200 g、青虾 50 g、馒头 150 g)。

布置任务:计算吉利龙凤球这道菜品的原料成本。

分担任务:小组分工。

实施任务:

(1) 查询原料价格。

(2) 查询原料的出料率。

(3) 完成吉利龙凤球这道菜品的成本计算。

图 5-1-4

任务 2 某家庭某日三餐所需原料如下,计算菜品原料(图 5-1-5)成本。

图 5-1-5

主食:馒头(小麦粉 300 g);

　　　米饭(600 g);

　　　面条(600 g)。

菜品:腰果虾仁:鲜虾仁 200 g、腰果 80 g。

　　　腐竹芹菜:芹菜 125 g、腐竹 40 g。

　　　青椒土豆片:土豆 100 g、柿子椒 50 g。

　　　麻婆豆腐:南豆腐 500 g、牛肉馅 80 g。

　　　白斩三黄鸡:三黄鸡 300 g。

布置任务:计算这个家庭当日主要菜品成本。

分担任务:小组分工。

实施任务:

(1) 查询原料价格。

(2) 查询原料的出料率。

(3) 自主设计表格。

(4) 完成这个家庭当日主要菜品的成本计算。

评价检测

1. 测一测　某餐厅某日用料见表 5-1-1，试计算菜品原料成本。

表 5-1-1　菜品原料

主要原料	西蓝花	茄子	青椒	青笋	木耳	三文鱼	水发海参	冰冻虾仁	熟五花肉	熟羊腿
数量/kg	2.2	3	2.8	3.2	0.6	0.8	0.2	0.8	3.4	2.5

2. 评价表　见表 5-1-2。

表 5-1-2　评价表

评价内容及标准	赋　　分	等级（请在相应位置画钩）			
		优秀	较优秀	合格	待合格
公式选用正确	25	25	20	15	10
分析、代入正确	25	25	20	15	10
计算准确、快速	25	25	20	15	10
结果正确、符合实际	25	25	20	15	10
总分	100	实际得分：			

小结提升

原料成本计算步骤：

查询原料出料率　⟹　调查食物原料单价　⟹　用公式计算成本价格

经过今天的学习，你有什么学习体会，请写下来：

≡▶ **拓展练习**

记录自己一天所吃食物的名称和数量,计算一天食物主要原料的成本。

≡▶ **知识链接**

餐饮业经营中的营业成本

营业成本是指在营业过程中,扣除直接成本后的间接成本,包括固定成本和变动成本。一般来说,餐饮店经营中的营业成本主要指以下内容。

1. 用人成本 所雇用人员的工资费用,一般占营业收入的10%左右。需要雇用人员的数量及需要支付给他们的工资水平可以通过同行业的平均水平来测算。

2. 水电费 一般占营业收入的2%～3%,根据餐饮店拥有的硬件设备设施及使用时间来测算。

3. 燃料费 一般占营业收入的0.5%～1%,主要包括煤气、燃气等。

4. 工资税和员工福利 一般占营业收入的0.4%,可参照国家颁布的文件考量。

5. 物料消耗及低值易耗品摊销 一般占营业收入的2%,这可根据餐馆的装修档次及要求进行测算。

6. 维修费 一般占营业收入的0.2%,主要指日常经营中维修配件、器件等的费用。

7. 折旧费 属固定费用。按常规,餐饮业、酒店三五年一小修,十年一大修,需根据自己的准备使用年限及投资额进行计算。

8. 保险费 一般占营业收入的0.15%,此项属于固定费用。

9. 广告及促销费 可根据经营要求及营销方案计算得到。

10. 税收 税务部门收取5.5%的营业税。

11. 财务费 如果从银行贷款就存在财务费,可根据银行贷款利率计算。

12. 租金 为固定成本。

13. 办公费 属可控费用,主要包括管理费、通信费、业务费、纸张费、印刷费等。

14. 工装及洗涤费 一般占营业收入的0.2%～0.3%,可以根据人数、每人每年应配的工装数量、洗涤频率来计算。

15. 其他费用 根据经营过程中可能发生的费用进行测算。

第二节 简单成本核算表的设计

≡▶ **任务要求**

餐厅会计人员填报菜品成本核算表。

餐厅新增加了几种菜品,会计人员小松需要就新增菜品制作、填写成本核算表,你能帮小松设计今日凉菜菜品的成本核算表吗?

菜单:凉拌海蜇皮、夫妻肺片、口水鸡、肉丝苦苣、养生秋木耳。

≡▶ 学习目标

(1)了解什么是菜品投料标准。

(2)能够利用所学专业知识及网络查询设计菜品搭配,并能准确查找菜品投料标准和售价。

(3)能够运用公式准确计算菜品销售成本率,并完成菜品销售的简单成本核算表的制作。

(4)提高经营成本意识,体会数据制表在餐厅经营管理中的重要作用。

≡▶ 知识积累

一、成本核算表的构成

成本核算表由菜品类别、菜品名称、投料标准、成本价、售价、成本率等构成。

二、相关数据的查询与采集

可利用网络对相关数据进行采集与查询。

图 5-2-1

(一)菜品投料标准

以夫妻肺片(图 5-2-1)为例:

牛腱子 200 g 15 元;

牛肚、牛心各 100 g 8 元;

其他 2 元。

注:其他费用为水、电、燃气、调料等的费用。

(二)售价

夫妻肺片售价 38 元。

三、成本率的计算

(一)销售成本率

菜品成本价格占销售价格的比率称销售成本率。

(二)销售成本率计算公式

销售成本率=(成本价÷售价)×100%。

夫妻肺片成本价:15+8+2=25 元。

售价:38 元。

$$销售成本率=(成本价÷售价)×100\%$$
$$=(25÷38)×100\%$$
$$=66\%$$

四、成本核算表的制作

成本核算表见表 5-2-1。

表 5-2-1 成本核算表

菜品类别	菜品名称	投料标准	成本价/元	售价/元	成本率/(%)
凉菜	凉拌海蜇皮				
	夫妻肺片				
	口水鸡				
	肉丝苦苣				
	养生秋木耳				

≡▶ **任务实施**

任务 1 完成图 5-2-2 所示菜品的成本核算表的设计。

图 5-2-2

任务 2 完成表 5-2-2 所列热菜菜品(图 5-2-3)的成本核算表的设计。

表 5-2-2 热菜菜品的成本核算表

菜品名称	投料标准	成本价/元	售价/元	成本率/(%)
蒜香雪花牛肉				
白灼芥菜				
蒜蓉粉丝扇贝				
宫保明虾球				
道口烧鸡				
清蒸多宝鱼				
上汤娃娃菜				

Note

图 5-2-3

布置任务:完成两套菜品成本核算表的设计。

分担任务:小组分工。

实施任务:

(1) 设计菜品成本核算表。

(2) 查询菜品投料标准并填写。

≡▶ 评价检测

1. 测一测　设计并完成一份包括凉菜(2 道)、热菜(3 道)菜品的成本核算表的制作。

2. 评价表　见表 5-2-3。

表 5-2-3　评价表

评价内容及标准	赋　分	等级(请在相应位置画钩)			
		优秀	较优秀	合格	待合格
公式选用正确	25	25	20	15	10
分析、代入正确	25	25	20	15	10
计算准确、快速	25	25	20	15	10
结果正确、符合实际	25	25	20	15	10
总分	100	实际得分:			

Note

≡▶ 小结提升

菜品销售成本核算表制作步骤：

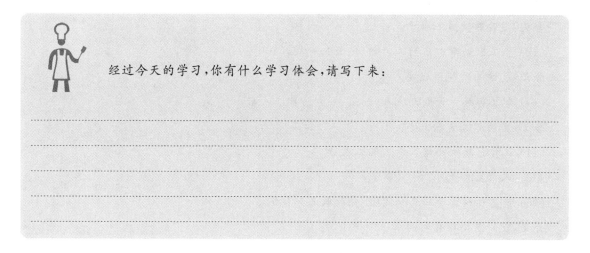

设计菜品搭配 ⟹ 查询菜品投料标准 ⟹ 计算菜品成本率 ⟹ 制作菜品销售成本核算表

经过今天的学习,你有什么学习体会,请写下来:

≡▶ 任务拓展

设计某餐厅晚餐菜品的名称,设计制作晚餐菜品销售成本核算表。

≡▶ 知识链接

餐饮行业的相关公式

（1）餐厅上座率＝计划期接待人次/同期餐厅定员×100%

含义:反映接待能力每餐利用程度。

（2）菜品喜爱程度＝某种菜肴销售份数/就餐客人人次×100%

含义:反映不同菜点销售程度。

（3）座位日均销售额＝计划期销售收入/（餐厅座位数×营业天数）

含义:反映餐厅座位日营业水平。

（4）座位利用率＝日就餐人次/餐厅座位数×100%

含义:反映日均座位周转次数。

（5）餐厅定员＝座位数×餐次×计划期天数

含义:反映餐厅接待能力。

（6）日均营业额＝计划期销售收入/营业天数

含义:反映每日营业量大小。

（7）餐饮利润额＝营业收入－成本－费用－营业税金

含义:反映营业利润大小。

（8）餐饮利润率＝计划期利润额/营业收入×100%

含义:反映餐饮利润水平。

(9) 餐饮毛利率＝(营业收入－原材料成本)/营业收入×100%

含义：反映价格水平。

(10) 餐厅销售份额＝某餐厅销售额/各餐厅销售总额×100%

含义：反映餐厅经营程度。

(11) 餐饮成本率＝原材料成本额/营业收入×100%

含义：反映餐饮成本水平。

(12) 职工出勤率＝出勤工时数/定额工时数×100%

含义：反映工时利用程度。

(13) 职工劳效＝计划期收入(创汇、利润)/职工人数

含义：反映职工贡献大小。

(14) 工资总额＝平均工资×职工人数

含义：人事成本大小。

(15) 销售利润率＝销售利润额/销售收入×100%

含义：反映餐饮销售利润水平。

(16) 净料价格＝毛料价格/(1－损耗率)

含义：反映净料单位成本。

(17) 目标营业额＝(固定费用＋目标利润)/边际利润率

含义：反映原材料利用程度。

(18) 客单平均消费＝餐厅销售收入/客单总数

含义：反映就餐客人状况。

(19) 劳动分配率＝人事成本/附加价值×100%

含义：反映人事成本开支的合理程度。

(20) 餐饮成本额＝营业收入×(1－毛利率)

含义：反映成本大小。

(21) 餐饮保本收入＝固定费用/边际利润率

含义：反映餐饮盈利点高低。

(22) 餐厅服务费＝餐厅销售收入×服务费比率

含义：反映服务费收入多少。

(23) 成本利润率＝计划期利润额/营业成本×100%

含义：反映成本利用效果。

(24) 餐饮利润额＝计划收入×边际利润率－固定费用

含义：反映利润大小。

(25) 资金利润率＝计划期利润额/平均资金占用×100%

含义：反映资金利用效果。

(26) 利润分配率＝实现利润/附加价值×100%

含义：反映利润分配使用的合理程度。

第三节　菜品满意度调查与统计

≡▶ 任务要求

"春天餐厅"(图 5-3-1)新推出了一批菜品,想了解顾客对新推出的菜品是否满意,如果你是餐厅经理,你能设计出一份"满意度调查表"并针对收集到的"满意度调查表"进行统计吗?

要求:为餐厅菜品进行满意度调查和统计。

图 5-3-1

≡▶ 学习目标

(1) 了解什么是菜品满意度调查表,了解满意度调查统计方法。

(2) 能设计出菜品满意度调查表,能够对菜品的满意度调查结果进行统计。

(3) 尊重顾客,增强服务意识。

≡▶ 知识积累

一、菜品满意度调查表的设计

菜品(图 5-3-2)满意度主要是通过人们的视觉(眼)来检验菜点的色泽、形态、盛器,通过味觉(舌)来品尝菜点的味道,通过嗅觉(鼻)来辨别菜点的气味等进行评判。

(一)考虑因素

在设计"菜品满意度调查表"时,需要考虑以下几个方面。

1. 菜品的颜色　吸引消费者的第一感官指标,人们往往通过视觉对食物进行第一步质量的鉴定。

2. 菜品的香气　菜肴、面点散发出各种香气,

图 5-3-2

微课:菜品满意度调查与统计

Note

这些香气能给人以食欲大振的感受,同时菜品的气味还是人们进食时用来判别菜点品质的标准之一。

3. 菜品的味道　味道被认为是中式菜肴、面点的灵魂。人们并不满足于光是嗅菜肴的香气,更重要的是品尝不同菜品鲜美、独特的味道。

4. 菜品的形态　菜肴、面点的造型。原料本身的形态、加工处理的技法以及烹调装盘的拼摆都直接影响菜肴的形态。

5. 菜品的质感　影响菜品质量的一个重要因素。

6. 菜品的容器　虽然不具有可食性,但却是构成菜品质量不可缺少的组成部分。

(二)调查表

某餐厅"菜品满意度调查表"见表 5-3-1。

表 5-3-1　菜品满意度调查表

一、菜品颜色、气味、味道	二、菜品形态、质感
1. 菜品颜色 □满意　□比较满意　□一般　□不满意 2. 菜品香气 □满意　□比较满意　□一般　□不满意 3. 菜品味道 □满意　□比较满意　□一般　□不满意	1. 菜品形态 □满意　□比较满意　□一般　□不满意 2. 菜品质感 □满意　□比较满意　□一般　□不满意
三、菜品容器	四、其他
1. 容器是否卫生 □满意　□比较满意　□一般　□不满意 2. 容器是否符合菜品 □满意　□比较满意　□一般　□不满意 3. 容器大小 □满意　□比较满意　□一般　□不满意	1. 您是否愿意再次光临本餐厅 □满意　□比较满意　□一般　□不满意 2. 您是否愿意将本餐厅介绍给您的朋友 □满意　□比较满意　□一般　□不满意 感谢您的评价

备注:针对不同的餐厅可以选择不同的评价内容,同时对满意度调查问题的选项设计也可以有所调整。

二、菜品满意度调查统计

在顾客完成"菜品满意度调查表"后,餐厅需要根据收集来的调查表进行统计,通过统计结果进行分析。

(一)菜品满意度统计

(1) 在"菜品满意度调查表"中,按照满意、比较满意、一般、不满意统计各个评价项目的人数,填在表 5-3-2 中。

表 5-3-2　菜品满意度原始数据统计表

评 价 项 目		满意	比较满意	一般	不满意
一、菜品颜色、气味、味道	1. 菜品颜色	26	13	8	3
	2. 菜品气味	18	15	15	2
	3. 菜品味道	22	15	9	4
二、菜品形态、质感	1. 菜品形态	16	14	15	5
	2. 菜品质感	23	21	5	1
三、菜品容器	1. 容器是否卫生	19	19	10	2
	2. 容器是否符合菜品	23	11	12	4
	3. 容器大小	17	14	17	2
四、其他	1. 您是否愿意再次光临本餐厅	22	25	2	1
	2. 您是否愿意将本餐厅介绍给您的朋友	25	15	8	2
合计		211	162	101	26

备注：以 50 人统计为例。

（2）根据表 5-3-2"菜品满意度原始数据统计表"计算得到表 5-3-3"菜品满意度统计表"。

表 5-3-3　菜品满意度统计表

评 价 项 目		满意	比较满意	一般	不满意
一、菜品颜色、气味、味道	1. 菜品颜色	52％	26％	16％	6％
	2. 菜品气味	36％	30％	30％	4％
	3. 菜品味道	44％	30％	18％	8％
二、菜品形态、质感	1. 菜品形态	32％	28％	30％	10％
	2. 菜品质感	46％	42％	10％	2％
三、菜品容器	1. 容器是否卫生	38％	38％	20％	4％
	2. 容器是否符合菜品	46％	22％	24％	8％
	3. 容器大小	34％	28％	34％	4％
四、其他	1. 您是否愿意再次光临本餐厅	44％	50％	4％	2％
	2. 您是否愿意将本餐厅介绍给您的朋友	50％	30％	16％	4％
合计所占比例		42％	32％	20％	6％

备注：以 50 人统计为例。

（二）统计分析

将表 5-3-2 中的数据填入 Excel 表格中。

选中"菜品满意度原始数据统计表"，点击插入，选择全部图表，在出现的提示中，可以根据具体需要选择不同格式的表格，如柱状图、折线图、饼图、条形图等。

选择合适的图表，生成所需要的统计图表，如图 5-3-3 所示。

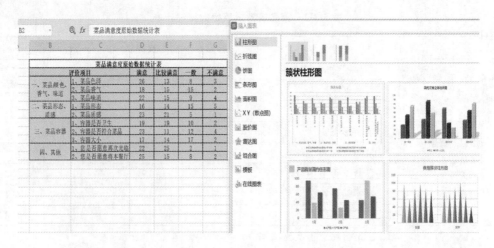

图 5-3-3

各种图表的功能如下。

柱状图：可以非常清晰地表达不同项目之间的差距和数值。

折线图：容易观察未来的发展趋势。

堆栈柱状图：便于比较不同数值在总计中所占的比重。

饼图：主要用来分析内部各个组成部分对事件的影响，其各部分百分比之和必须是100%。

散点图：用来说明若干组变量之间的相互关系，可表示因变量随自变量而变化的大致趋势。

雷达图：可以对两组变量进行多种项目的对比，反映数据相对中心点和其他数据点的变化情况。

此例选择柱状图，如图 5-3-4 所示。

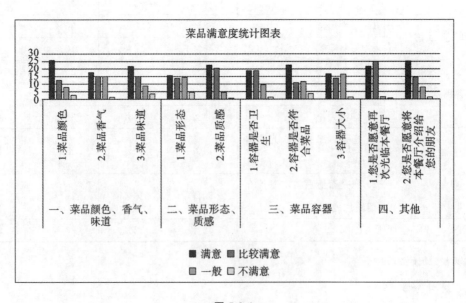

图 5-3-4

≡▶ 任务实施

任务 1　为"春天餐厅"设计出一份"菜品满意度调查表"。

Note

实施思路：

(1) 设计"菜品满意度调查表"的评价项目。

(2) 设计菜品满意度的评价等级(满意、比较满意、一般、不满意)。

(3) 设计"菜品满意度调查表"样式。

任务 2　根据菜品满意度调查结果进行统计。

实施思路：

(1) 将收集到的"菜品满意度调查表"统计到"菜品满意度原始数据调查表"中。

(2) 依据"菜品满意度原始数据统计表"计算得到"菜品满意度统计表"。

(3) 利用 Excel 表格将统计数据绘制直观的图形，如饼状图、柱状图、条形图等。

(4) 根据设计出的直观图形分析该餐厅菜品的优势和需要改进的地方。

≡▶ 评价检测

1. 评价表　见表 5-3-4。

表 5-3-4　评价表

评价内容及标准	赋　分	等级(请在相应位置画钩)			
		优秀	较优秀	合格	待合格
公式选用正确	25	25	20	15	10
分析、代入正确	25	25	20	15	10
计算准确、快速	25	25	20	15	10
结果正确、符合实际	25	25	20	15	10
总分	100	实际得分：			

2. 测一测　以 100 人调查为例，在收集的调查表中，满意人数 45、比较满意人数 28、一般人数 20、不满意人数 7。满意人数、比较满意人数、一般人数、不满意人数的比例分别是多少？

≡▶ 小结提升

制定"菜品满意度调查表"应该考虑菜点的颜色、菜点的气味、菜点的味道、菜点的形态、菜点的质感、菜点的盛器。

口诀：

调查项目要实用；

收集整理要认真；

数据填入要准确；

直观图表要清晰。

经过今天的学习,你有什么学习体会,请写下来:

_____

_____

_____

_____

≡▶ **拓展练习**

请你搜索一家餐厅的"菜品满意度调查表",研究分析该"菜品满意度调查表"是否合理,有哪些不合理的地方可以改进,或在网上搜索几个调查表比较它们的优点。

第四节 烹饪原料流水与统计

≡▶ **任务要求**

某餐厅采购部需提前一日为餐厅采购菜品原料,如果你是采购部负责人,你将如何按照原料采购流程进行采购?

要求:制定餐厅菜品原料的采购流程和统计表。

≡▶ **学习目标**

(1) 了解菜品原料的采购流程,了解菜品原料统计表格。

(2) 能制定出餐厅菜品原料采购流程,能够根据餐厅菜品制定原料采购统计表。

(3) 增强统筹规划意识(图 5-4-1)。

图 5-4-1

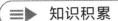 知识积累

一、制定菜品原料采购计划

采购部根据后厨的"采购申请单"(表 5-4-1)制定菜品原料采购计划。

表 5-4-1 采购申请单(以鱼、肉为例)

序号	名称(鱼、肉)	价格	数量	金额	备注
1	鲤鱼		20 条		
2	鸭		5 只		
3	鸡		8 只		
4	猪肉		20 斤		
5	羊肉		10 斤		
6	牛肉		10 斤		
⋮					

二、供货商选择与定价

采购人员根据"采购申请单"(表 5-4-2)选择合适的供货商,并确定所需原料采购价格。

表 5-4-2 采购申请单

序号	名 称	价格	数量	金额	备注
1	鲤鱼	7 元/斤	20 条(60 斤)	420 元	
2	鸭	12 元/只	5 只	60 元	
3	鸡	15 元/只	8 只	120 元	
4	猪肉	11 元/斤	20 斤	220 元	
5	羊肉	17 元/斤	10 斤	170 元	
6	牛肉	18 元/斤	10 斤	180 元	
⋮				⋮	
	合计				

三、菜品原料采购

采购人员与供货商签订采购合同后,开展菜品原料采购工作。

四、菜品原料质量检验

采购的菜品原料送至餐厅指定区域后,验收人员在规定时间内按照餐饮部规定的原料标准对其进行质量检验,验收合格后进行入库手续办理,并填入"原料入库单"(表 5-4-3)。

表 5-4-3 原料入库单

序列	名 称	应收数量	实收数量	进货价格	进货总价	供货单位	备注
1	鲤鱼	60 斤	60 斤	7 元/斤	420 元	某某水产	
2	鸭	5 只	5 只	12 元/只	60 元	某某禽肉	

续表

序列	名　　称	应收数量	实收数量	进货价格	进货总价	供货单位	备注
3	鸡	8 只	8 只	15 元/只	120 元	某某禽肉	
4	猪肉	20 斤	20 斤	11 元/斤	220 元	某某禽肉	
5	羊肉	10 斤	10 斤	17 元/斤	170 元	某某禽肉	
6	牛肉	10 斤	10 斤	18 元/斤	180 元	某某禽肉	

五、菜品原料采购结算

供货商的货款结算，一般以 30 天为一个周期，凭供货商交来的发票和收货人员的收货单，采购员核对品种及价格后签名确认，交餐饮部相应负责经理核对签名，最后交财务部办理结算手续。财务部在指定的期限内依照有关单据进行"货款结算单"（表 5-4-4）的结算。

表 5-4-4　货款结算单

供货名称	数　　量	价　　格	应 付 账 款	备注
鲤鱼	60 斤	7 元/斤	420 元	
鸭	5 只	12 元/只	60 元	
鸡	8 只	15 元/只	120 元	
猪肉	20 斤	11 元/斤	220 元	
羊肉	10 斤	17 元/斤	170 元	
牛肉	10 斤	18 元/斤	180 元	
合计			1170 元	

注：供货商某某水产联系电话138×××××××××。

≡▶ 任务实施

任务 1　小组分配角色扮演餐厅后厨、采购部、验收、财务部人员，并分别制定所属部门统计表格。

实施思路：

（1）按后厨、采购部、验收、财务部人员分小组分配角色。

（2）按照采购流程，小组介绍各自在采购流程中的职责。

（3）小组制定各部门采购流程统计表。

任务 2　模拟餐厅原料采购详细流程。

实施思路：

（1）小组准备好各部门的流程和统计表。

（2）小组间合作完成餐厅原料采购详细流程。

≡▶ 评价检测

1. 评价表　见表 5-4-5。

表 5-4-5　评价表

评价内容及标准	赋 分	等级(请在相应位置画钩)			
		优秀	较优秀	合格	待合格
公式选用正确	25	25	20	15	10
分析、代入正确	25	25	20	15	10
计算准确、快速	25	25	20	15	10
结果正确、符合实际	25	25	20	15	10
总分	100	实际得分:			

2. 测一测　某餐厅采购了一批原材料(蔬菜),具体见表 5-4-6,请计算需要给供应商多少钱?

表 5-4-6　原材料(蔬菜)

项　目	数　量	价　格
白菜	20 斤	0.8 元/斤
萝卜	10 斤	1.2 元/斤
黄瓜	15 斤	2 元/斤
西红柿	12 斤	1.7 元/斤
茄子	10 斤	1.8 元/斤
土豆	20 斤	1.5 元/斤

≡▶ 小结提升

菜品原料的采购流程:

(1)制定菜品原料采购计划;

(2)供货商选择与定价;

(3)菜品原料采购;

(4)菜品原料质量检验;

(5)菜品原料采购结算。

经过今天的学习,你有什么学习体会,请写下来:

≡▶ 拓展练习

　　了解学校食堂或者实习单位餐厅的原料的采购流程,分析讨论有哪些科学、合理的地方,在教学平台上与大家分享。

模块三

逻辑与统筹

餐厅管理是一门复杂的学问，作为经营者，要深入了解餐饮成本控制与管理知识，作为创业者要了解开办小微企业的流程与规划思路，才能让企业获得更大的经济效益和社会效益。

模块三主要学习有关餐厅和厨房日常管理的重要基础数学知识，包括菜品成本控制与数据统计、原料采购与保管保鲜、上菜服务的配合与效率，以及开办小微企业的要素统筹、菜品开发与推销技巧、创办小饭馆的投资收益分析等。对日后开办、管理小型餐厅具有重要意义。

≡▶ 单元目标

（1）能够利用成本系数法计算菜肴成本变化。

（2）了解原材料的种类和采购要求，能够科学合理地采购、管理原材料。

（3）掌握菜品开发的步骤和方法，有效规避开发新菜品的误区。

（4）掌握创办小微企业的基本流程，提升创新创业意识。

（5）了解餐馆预算的组成和管理，提升经营和服务意识。

（6）增强对餐厅经营的统筹规划能力，懂得要为自己的事业及生活的长远发展做好规划，体会创业的不易，懂得珍惜机会。

（7）提升逻辑推理、数据分析等核心素养。

第六章

厨房运营管理

第一节 菜品成本控制与数据统计

📑▶ 任务要求

某餐厅的宫保鸡丁(图 6-1-1)是一道镇店名菜,来店的顾客几乎桌桌必点。3 月份,大葱价格上涨(官方预计 8 月份大葱价格回落)。为了维持销售这道菜的毛利率不变,有三个人给餐厅提供了针对性建议。

图 6-1-1

小劲:根据大葱涨价的现实情况,适当提高这道菜的价格,并向顾客说明情况。

小松:在采购环节,查看这道菜的其他材料(花生、鸡肉等)有没有更低的进货价格。

小双:在做菜时,适当增加花生和鸡肉的比例,减少大葱的比例,以保证成本不变。

对于他们每个人的建议,请分析它们的合理性和弊端。如果你是餐厅经理,你会采用谁的建议?你能否给出更好的建议?

📑▶ 学习目标

(1)了解菜品成本构成及控制办法。

(2)掌握菜品成本的计算方法,并能够解决简单实际问题。

（3）对简单成本控制问题能够给出合理建议。

（4）增强利用数学知识解决实际问题的意识。

知识积累

一、销售毛利率

饮食产品（图 6-1-2）的销售价格由产品成本和毛利两部分构成（售价＝成本＋毛利），毛利的大小会影响销售价格的变化。毛利与销售价格之间存在一定的比例关系，这种比例关系叫作销售毛利率，它是毛利与产品销售价格之比。

图 6-1-2

$$销售毛利率 = \frac{产品毛利}{产品售价} \times 100\% \qquad (1)$$

根据餐饮产品的成本和销售毛利率来计算产品销售价格的定价方法，称为销售毛利率法。

$$产品售价 = \frac{产品成本}{1 - 销售毛利率} \qquad (2)$$

例 1　现有红烧茄子一盘，成本 7 元，规定销售毛利率至少 45％，那么这盘菜的售价应该定为多少才能保证销售毛利率呢？

解：红烧茄子售价 $= \dfrac{红烧茄子成本}{1 - 销售毛利率} = \dfrac{7}{1 - 45\%}$

≈ 12.7（元/盘）

答：一盘红烧茄子至少卖 12.7 元才能保证销售毛利率。

根据公式（2），当菜品成本发生变动时，为了保证销售毛利率不变，新调售价应该满足的公式为

$$新调售价 = \frac{原产品成本 + 新增成本}{1 - 销售毛利率} \qquad (3)$$

对于小劲的建议，利用公式（3）计算调整后的售价见例 2。

例 2　大葱原价 6 元/kg，现价 20 元/kg，一份宫保鸡丁含大葱 30 g。原产品成本为 6 元，原售价为 11 元。为保证销售毛利率至少 45％，求调整后的售价。

解：新调售价 $= \dfrac{原产品成本 + 新增成本}{1 - 销售毛利率} = \dfrac{6 + (20 - 6) \times \dfrac{30}{1000}}{1 - 45\%} \approx 11.7$（元/盘）

答：现每盘宫保鸡丁售价至少 11.7 元，才能保证销售毛利率。

二、生净料的成本核算

（一）净料的定义

毛料：刚从市场购买，未经加工处理的原料。

净料：经过加工，可以直接用来配制成品的原料。

Note

（二）净料率和净料成本

净料率是加工处理后净料重量与毛料重量之间的比率，通常用百分数表示。

$$净料率＝\frac{净料重量}{毛料重量}×100\%\tag{4}$$

$$净料单位成本＝\frac{毛料重量×毛料进货价格}{净料重量}\tag{5}$$

例3 厨房购进土豆（图6-1-3）6 kg，进货价8元/kg。去皮后得到净土豆4.5 kg。求净土豆的净料率和净料单位成本。

图 6-1-3

解：净料率＝$\frac{净料重量}{毛料重量}×100\%＝\frac{4.5}{6}×100\%＝75\%$

净料单位成本＝$\frac{毛料重量×毛料进货价格}{净料重量}＝\frac{6×8}{4.5}≈10.6（元/kg）$

答：净土豆的净料率和净料成本分别为75%和10.6元/kg。

例4 餐厅原来从甲供货商处采购光鸡（宰杀好的整鸡），进货价12元/kg，经加工处理后，可得到用来制作宫保鸡丁的鸡肉的净料率为50%，现在为了节约成本，从进货价更低的乙供货商处采购光鸡，进货价10元/kg，但是净料率为40%，请问是否划算？

解：要看是否划算，可比较两种光鸡的净料单位成本。以采购10 kg光鸡为例：

甲供货商：净料单位成本＝$\frac{毛料重量×毛料进货价格}{净料重量}＝\frac{10×12}{10×50\%}＝24（元/kg）$

乙供货商：净料单位成本＝$\frac{毛料重量×毛料进货价格}{净料重量}＝\frac{10×10}{10×40\%}＝25（元/kg）$

答：如果为了节约成本选择乙供货商，并不划算。

三、菜品成本核算

例5 现制作一份宫保鸡丁，用去鸡肉250 g、大葱30 g、花生40 g（图6-1-4），原材料配量定额成本见表6-1-1，请计算成本。

解：宫保鸡丁原材料配量定额成本见表6-1-1。

图 6-1-4

表 6-1-1   宫保鸡丁（1 份）配量定额成本

项　　目	定　　量	价　　格	成　　本
鸡肉	0.25 kg	18 元/kg	4.5 元
大葱	0.03 kg	6 元/kg	0.18 元
花生	0.04 kg	12 元/kg	0.48 元
其他			0.84 元

现鸡肉价格 20 元/kg，为了保证菜品成本不变，将同等重量的鸡肉替换成大葱，请问需要替换多少？

解：一份宫保鸡丁成本：$4.5+0.18+0.48+0.84=6$（元）

设鸡肉 x kg 替换成大葱。

替换后的成本：$20\times(0.25-x)+6\times(0.03+x)+0.48+0.84=6.5-14x$。

如果替换后的成本与替换前的成本相同，那么 $6.5-14x=6$，解得 $x=0.06$。

答：只需要将 0.06 kg 的鸡肉替换成同重量的大葱，即可保证成本不变。

≡▶ **任务实施**

任务 1   对于"任务要求"中三个人的建议，请分析它们的合理性和弊端。如果你是餐厅经理，你会采用谁的建议？你能否给出更好的建议？

实施思路：

（1）小劲的提议，以及提高后的菜价，已在例 2 中给出。

（2）根据例 4 的计算结果，思考小松的建议是否合理，在什么情况下合理。

（3）根据例 5 的计算结果，从菜品口感和商家信誉方面，思考小双的建议是否合理。

（4）如果你是餐厅经理，你有没有更好的方法？

任务 2 排骨原价 30 元/kg,现价 40 元/kg,一份糖醋排骨用去排骨 400 g。原产品成本为 16 元,原售价为 30 元。为保证销售毛利率至少 45%,求调整后的售价。

实施思路:参考例 2 的做法。

任务 3 餐厅原来从甲供货商处采购活虾,进货价 40 元/kg,经加工处理后,可得到虾仁的净料率为 60%,现在为了节约成本,从进货价更低的乙供货商处采购活虾,进货价 30 元/kg,但是净料率为 45%,请问是否划算?

实施思路:参考例 4 的做法。

≡▶ 评价检测

1. 评价表 见表 6-1-2。

表 6-1-2 评价表

评价内容及标准	赋　分	等级(请在相应位置画钩)			
		优秀	较优秀	合格	待合格
明确任务要求,实施步骤清晰	25	25	20	15	10
方案科学合理,方法正确	25	25	20	15	10
计算准确、快速	25	25	20	15	10
结果正确	25	25	20	15	10
总分	100	实际得分:			

2. 测一测

(1)现有奶茶一杯,成本 10 元,规定销售毛利率至少 50%,那么这杯奶茶的售价应该定为多少?

(2)厨房购进芒果 5 kg,进货价 10 元/kg。去皮去核后剩下 3 kg,求芒果的净料率和净料单位成本。

≡▶ 小结提升

(1)根据销售毛利率定价的方法:售价 $= \dfrac{成本}{1-销售毛利率}$。

(2)根据销售毛利率调整售价的方法:新调售价 $= \dfrac{原产品成本+新增成本}{1-销售毛利率}$。

拓展练习

根据例5,计算将同等重量的大葱替换成花生,需要替换多少?

第二节 原料采购与保管保鲜

图 6-2-1

任务要求

小松是某饭店员工,他承包了餐厅,请问对原材料(图6-2-1)进行管理需要做什么?如弄清各种原材料的种类,并控制好原材料的采购数量。对于厨房和仓库的订货,不仅要保证质量,而且还要做到数量适中。

要求:熟悉原材料的种类,会进行原材料采购数量的控制。

学习目标

(1) 了解原材料的种类和采购要求。

(2) 初步学会原材料采购管理的方法。

(3) 提高经营意识和服务意识。

知识积累

一、从成本入手对原材料进行归类

管理学家认为:一个好的采购员可为企业节约5%的餐饮成本,甚至远大于5%。采购是供应链的重要组成部分,从分析原材料成本入手,从成本端看供应链端,帮助经营者更好地管理餐厅。将原材料归类分析,看每个大类占的比例、需求和价格情况(表6-2-1)。

表 6-2-1 原材料归类分析表

原材料类别	上期总价	上期占成本比	本期总价	本期占成本比	最近一年综合占比

原材料的归类分析,可以帮助餐厅了解每类原材料的需求情况,从而在选择供应商时能提供明确的指导。从库存管理的角度来说,此种做法也便于安排最佳的进货时段。米油盐、调料和干货类原材料的采购频率相对较低、单次采购量较大,因此了解供货商的送货时间,根据需求制定此类原材料的购货计划十分必要。

（一）定期盘存

定期盘存是一种较好的操作方式,便于餐厅推算出剩余原材料的使用时间,并提前制定采购计划。

（二）制定安全库存标准

这种方法需要餐厅经营者准确预测原材料的日均用量,制定出安全库存标准,当实际库存低于安全库存标准时,则下单。此方法在保证原材料不缺货的同时,还能让库存成本和进货成本降至最低。提醒餐厅经营者注意,原材料结构也是监管采购部门的有力工具。通常来说,一家稳定经营了一段时间且菜品没有出现重大变化的餐厅,各项原材料的比例应该维持在一个正常的范围之内。如果餐厅经营者发现某项原材料的订货量频繁增加,在排除销量猛增的因素之后,便意味着采购环节可能出现了问题。

二、根据采购标准对原材料进行归类

根据采购原材料的质量标准,如原料产地、等级、性能、大小、个数、色泽、包装要求、切割情况、冷冻状况等,可以对原材料进行如下分类。

（一）蔬菜类

蔬菜主要分为根菜类、茎菜类、叶菜类、花菜类、果菜类等五种类型(图6-2-2)。

1. 根菜类蔬菜　分为肉质根类、块根类,主食部分为肥大的肉质植根。

（1）肉质根类　白萝卜、青萝卜、红萝卜等。

（2）块根类　沙葛、山葛、淮山等。

2. 茎菜类蔬菜　分为地下茎(块茎、根状茎、球状茎)和地上茎两类,主食部分是茎部。

（1）地下茎　土豆、莲藕、马蹄、生姜、芋头等。

（2）地上茎　莴苣、水笋、萝卜苗、菜心、红菜薹、竹笋等。

图 6-2-2

3. 叶菜类蔬菜　可分为普通叶菜、香辛叶菜、结球叶菜和鳞茎菜四类,特点是叶片大、鲜嫩、含水量多、以叶为食。

（1）普通叶菜　上海青、菠菜、通菜、大白菜、生菜、麦菜、莴苣、春菜、奶白菜、芥菜、菜心等。

（2）香辛叶菜　芹菜、蒜苗、西芹、芫荽、葱、韭菜、韭黄、蒜薹等。

（3）结球叶菜　椰菜、绍菜、京包菜、西生菜等。

（4）鳞茎菜　洋葱、百合。

4. 花菜类蔬菜 食用部分为脆嫩的花茎、缩短肥嫩的花薹、密集成球状的花蕾及花瓣。

（1）白菜花、西蓝花。

（2）韭菜花、霸王花、黄花菜、南瓜花。

5. 瓜果类蔬菜 分为瓠果类、浆果类、荚果类，食用部分为各类植株的果实。

（1）瓠果类 南瓜、冬瓜、丝瓜、苦瓜、毛瓜、青瓜等。

（2）浆果类 茄类、西红柿、椒类。

（3）荚果类 豆角、芸豆、豌豆、荷兰豆、四季豆等。

6. 食用菌类 食用菌的食用部分为茎叶，但不具有叶绿素。食用菌分为三类：蘑菇、草菇、平菇、金针菇、香菇、茶树菇等；黑木耳；银耳。

7. 其他类蔬菜 分为芽菜类、海洋菜类、野菜类、药菜类、树菜类等。

（1）芽菜类 绿豆芽、黄豆芽。

（2）海洋菜类 海带、裙菜。

图 6-2-3

（3）野菜类 马齿苋、紫蕨菜。

（4）药菜类 益母草、鱼腥草。

（5）树菜类 无绿香、枸杞菜。

（二）主食

主食包括米饭、馒头等。

（三）肉、乳、蛋类（图 6-2-3）

肉类分为家畜肉类、家禽类、内脏类。

乳类分为乳粉类、鲜奶类。

蛋类分为鲜蛋类、皮蛋类。

（四）海产类

海产类分为鱼类、虾类、蟹类、蛤蚌螺类、海参类、牡蛎类等。

（五）水果

水果有苹果、橘子、柠檬、阳桃、柚子、枇杷、木瓜、香瓜、番茄、番石榴、香蕉、凤梨、西瓜、葡萄、梨子、桃子等。

（六）调味品

调味品分为食用油类、酱油类、食盐、味精、食醋、酒类、糖类等。

三、控制采购数量

餐饮原料的采购，不仅要保证质量，而且还要做到数量适中，如果数量不足，就会影响餐饮的业务活动，反之则会造成积压和变质浪费。同时，采购数量的多少还关系到采购价格的高低，关系到资金周转的快慢，影响仓储条件和存货费用等。餐饮原料采购数量的依据来源于厨房和仓库的订货数量。

（一）厨房订货

厨房订货，大都为鲜活原料，因其具有易腐烂的特征，通常不宜作为库存原料。对此类原料，

Note

由厨房根据业务需要每天提出订货,其订货数量则来自第二天的接待任务和销售预测。原料订购量=需用量-库存量。

具体订货量计算步骤如下。

第一步,根据未来一天或两天内所有会议、宴会菜单和平日散客接待台数或人数的平均数,计算出所有需订货的品种。

例如,北京某大酒店第二日有某商务公司会议20台(每台10人的标准菜单),菜品见表6-2-2和图6-2-4。

图 6-2-4

表 6-2-2 某商务公司会议用餐菜单

菜　品	单位及备注	菜　品	单位及备注
黄焖鸡	例(0.5 kg)	酱牛肉	例
清蒸鲈鱼	例(1 kg)	酸辣蕨根粉	例
豉油大虾	例(0.5 kg)	椒盐玉米粒	例
芸豆猪手	例	海带排骨汤	例
蒜蓉西蓝花	例	点心:虎皮蛋糕	打
干锅杏鲍菇	例	咖啡酥	打
铁板豆腐	例	主食:米饭	盆(1 kg)

某商务公司会议菜单显示,需要采购的鲜活原料有鸡、鲈鱼、大虾、猪蹄、牛肉、排骨、猪肉等,新鲜蔬菜若干。

第二步,用预测销售的份数乘以菜肴标准分量,得出所需原料的数量。

上例中菜肴标准分量如下。

黄焖鸡,主料:鸡1只,木耳50 g,香菇100 g,尖椒250 g,彩椒250 g。

清蒸鲈鱼,主料:鲈鱼1条(1 kg)。

豉油大虾,主料:大虾0.5 kg。

芸豆猪手,主料:猪手1只(约400 g),芸豆100 g。

蒜蓉西蓝花,主料:西蓝花500 g,蒜蓉50 g。

干锅杏鲍菇,主料:杏鲍菇500 g,线椒50 g,小米椒50 g,五花肉片100 g。

铁板豆腐,主料:豆腐500 g,肉末100 g,红绿椒各50 g。

酱牛肉,主料:牛肉800 g。

酸辣蕨根粉,主料:蕨根粉400 g。

椒盐玉米粒,主料:玉米粒400 g,黄瓜150 g,胡萝卜150 g。

海带排骨汤,主料:排骨250克,海带50 g。

根据计算得出,所需肉类如下:鸡 20 只各 0.5 kg 左右,鲈鱼 20 条各 1 kg 左右,大虾 10 kg,猪蹄 20 只(每只约 0.4 kg),牛肉 16 kg,排骨 5 kg,猪肉 4 kg。

菜单中所需的蔬菜(非肉类菜)标准分量分别是西蓝花 500 克,杏鲍菇 500 g,豆腐 500 g,蕨根粉 400 g,玉米粒 400 g,黄瓜 150 g,胡萝卜 150 g,芸豆 100 g,香菇 100 g,尖椒 250 g,彩椒 250 g,线椒 50 g,小米椒 50 g,红椒 50 g,绿椒 50 g,海带 50 g,蒜蓉 50 g,木耳 50 g。

用 20 份乘以菜肴标准分量,得出所需蔬菜分别为:西蓝花 10 kg,杏鲍菇 10 kg,豆腐 10 kg,蕨根粉 8 kg,玉米粒 8 kg,黄瓜 3 kg,胡萝卜 3 kg,芸豆 2 kg,香菇 2 kg,尖椒 5 kg,彩椒 5 kg,线椒 1 kg,小米椒 1 kg,红椒 1 kg,绿椒 1 kg,海带 1 kg,蒜 1 kg,木耳 1 kg(要适当考虑储备情况,所需量要大于实际需要量,具体多出多少,各餐饮企业应有自己的规定)。

第三步,将根据标准食谱或菜单算出的净料量,换算成原始毛料的量(不同原料的净料率不同)。例如,西蓝花、杏鲍菇、蕨根粉、黄瓜、胡萝卜、尖椒、小米椒、红椒的净料率分别为 70%、85%、300%、50%、85%、70%、70%、70%,那么以上所需换成毛料的重量应该是西蓝花 14.3 kg、11.8 kg、2.7 kg、6 kg、3.5 kg、7.1 kg、1.4 kg、1.4 kg。

第四步,根据平日营业情况,预测散客接待量(节假日与工作日有很大不同),需购原料计算同会议菜单类似,然后汇总,即可得到次日原料需用量。

第五步,盘点所需原料的库存,如经盘点发现,库存鸡 3 只,鲈鱼 4 条,大虾 5 kg,牛肉 3 kg,排骨 1 kg,猪肉 2 kg,那么准备某商务公司会议用餐需订购肉类原料数量即可计算出来(表 6-2-3)。用同样的方法计算出蔬菜类的采购量,再酌加适当的备用量,便可得出每种原料的采购数量。

表 6-2-3　某商务公司会议用餐需订购肉类原料数量

原料名称	鸡	鲈鱼	大虾	猪蹄	牛肉	排骨	猪肉
需用量	20 只	20 条	10 kg	20 只	16 kg	5 kg	4 kg
库存量	3 只	4 条	5 kg	无	3 kg	1 kg	2 kg
订购量	17 只	16 条	5 kg	20 只	13 kg	4 kg	2 kg

图 6-2-5

(二)仓库订货

仓库的订货,一般为不易变质、可以储存的原料,如大米、面粉、罐头、干货、调料等(图 6-2-5)。其订货的数量可根据不同的存货定额,即最高和最低的库存量来决定采购原料的数量。其订货的方法主要有以下三种。

1. 定期订购方法　它是指某种原料在一定时期必须进行订货的数量,即订购时间预先固定,而订货数量随库存情况而定,其计算公式为

订购量＝平均每日需用量×(订购时间＋订购间隔)＋保险储备量－实际库存量

保险储备量主要考虑天气、交通、运输等原因造成送货延误,以及原料消耗量增加等因素。

其中,库存安全系数视酒店的实际情况而定。

2. 订货点法　它是指订货时间不固定,而每次订货的数量固定,其关键是确定订货点库存量,即存货达到此点就要订货。其计算公式为

$$订货点库存量＝平均每日需用量×订购时间＋保险储备量$$

3. 经济订购批量法　它是指能使酒店在存货上所支付的总费用为最低的每次订购量。存储总费用,包括订购费用、采购费用和保管费用。其计算公式为

$$经济订购批量＝\sqrt{\frac{2×全年订购量×每次订购费用}{单位保管费用}}$$

随着我国经济的发展、市场的繁荣、物流企业的成熟及互联网的发展,商品供应日趋丰富充足,酒店的采购周期日趋缩短,而且库存量也呈下降趋势。因此,零库存管理思想值得中国的酒店借鉴。零库存并不是指以仓库储存形式的某种或某些物品的储存数量真正为零,而是通过实施特定的库存控制策略,实现库存量的最小化。所以零库存管理的内涵是以仓库储存形式的某种物品数量为零,即不保存经常性库存,它是在物资有充分社会储备保证的前提下所采取的一种特殊供给方式。实现零库存管理的目的是减少社会劳动占用量(主要表现为减少资金占用量)和提高物流运动的经济效益。实现零库存关键需要加强酒店餐饮科学的预算、预订管理工作,并注重提高餐饮工作的计划性与现场控制水平。

例1　某原料每月订购一次,订购时间为 2 天,每日平均需要量为 50 kg,保险储备定额为 450 kg,订货日实际库存为 600 kg,则本月的订购量是多少?

采用定期订购方法计算公式

$$订购量＝平均每日需用量×(订购时间＋订购间隔)＋保险储备量－实际库存量$$
$$订购量＝50×(2＋30)＋450－600＝1450(kg)$$

例2　某种茄汁罐头的每天消耗量为 3 听,订购期天数为 2 天,保险储备定额为 6 听,那么,该品种罐头的订货点库存量是多少?

采用订货点法计算公式:订货点库存量＝平均每日需用量×订购时间＋保险储备量
$$订货点库存量＝3×2＋6＝12(听)$$

例3　某餐饮集团采购中心对罐装竹笋年需求量为 4000 箱,每次采购费用为 200 元,单位保管费用为 10 元,则最佳订货批量为多少?

采用经济订购批量法计算公式:

$$经济订购批量＝\sqrt{\frac{2×全年订购量×每次订购费用}{单位保管费用}}$$

$$经济订购批量＝\sqrt{\frac{2×4000×200}{10}}＝400(箱)$$

≡▶ 任务实施

任务1　某酒店采用每两周一次的定期采购法,如果樱桃罐头的正常消耗量是每周 28 听,酒店要求有一周的保险储备量,采购前库房里还有樱桃罐头 30 听,樱桃罐头的发货周期为 3 天,酒店应采购多少樱桃罐头?

实施思路：采用定期订购方法计算。

（1）写出定期订购方法的计算公式。

（2）分析平均每日需用量、订购时间、订购间隔、保险储备量、实际库存量分别是多少。

（3）代入计算。

任务 2　某餐厅青岛啤酒的月销售量为 9000 听，该啤酒的订货周期为 6 天，保险储备量为 500 听，该啤酒的订货点是多少？

实施思路：采用订货点法计算。

（1）写出订货点法计算公式。

（2）分析平均每日需用量、订购时间、保险储备量分别是多少。

（3）代入计算。

≡▶ 评价检测

1. 评价表　见表 6-2-4。

表 6-2-4　评价表

评价内容及标准	赋　　分	等级（请在相应位置画钩）			
		优秀	较优秀	合格	待合格
公式选用正确	25	25	20	15	10
分析、代入正确	25	25	20	15	10
计算准确、快速	25	25	20	15	10
结果正确、符合实际	25	25	20	15	10
总分	100	实际得分：			

2. 测一测　某种蘑菇罐头的每天消耗量为 20 听，订购期天数为 3 天，保险储备定额为 30 听，那么，该品种罐头的订货点库存量是多少？

≡▶ 小结提升

餐饮原料是餐饮活动的物质基础，本节根据原料特点进行分类介绍。原料采购分为鲜活原料采购和可储存的不易变质原料采购两种情况。鲜活原料订货数量根据第二天的接待任务和销售预测，其他原料根据不同的存货定额介绍了三种数量控制方法：定期订购方法、订货点法、经济订购批量法。餐厅管理者要准确把握原料从采购到入库、登记、保管、保鲜等环节的管理，以确保原料的质量和数量。

Note

经过今天的学习,你有什么学习体会,请写下来:

....

....

....

....

....

≡▶ **拓展练习**

　　某餐厅下周一需要用到如下原材料:猪肉 8 kg、黄瓜 10 kg、啤酒 300 听、冷冻虾 6 kg。请你根据采购和保管保鲜的要求,制定出合理的具体操作方法。

微课:原料采
购-仓库订货

第三节　上菜服务的配合与效率

≡▶ **任务要求**

　　小松作为餐厅的管理人员,特别注意到上菜服务(图 6-3-1)的配合与效率,直接影响客人对餐厅的印象和对服务质量的评价,是厨房运营管理的关键环节。请你帮他想一想,利用归纳分类,怎样提高上菜服务的配合与效率? 怎样做好各个环节的准备来有效提高餐厅的服务品质?

　　要求:从不同角度分析提高上菜服务的高效处理方式。

图 6-3-1

≡▶ **学习目标**

　　(1)了解从不同角度提高上菜服务的高效处理方式。

　　(2)能够运用分类处理解决上菜效率问题。

Note

（3）体会提高服务品质的必要性。

≡▶ 知识积累

一、从不同角度提高上菜服务的配合与效率

上菜服务的配合与效率，直接影响了客人对餐厅的印象和对服务质量的评价，是厨房运营管理的关键环节。一般来说，提高上菜服务的效率需要多个部门的配合，可以通过餐厅管理者、厨师、服务员等的配合来共同解决。

（一）上菜时限

作为餐厅管理者，先要制定一个目标：上菜时限。据一份餐饮调查，能够接受在 10 分钟以内上菜的顾客占 22.4%，可以等 10～20 分钟的占 70.1%，有耐性等 20～30 分钟的只有 7.5%，也就是说，上菜的黄金时间是 20 分钟以内。根据目标去协调各部门、人员，做到标准化运作。保证各环节人员到位、规范，尤其是厨房人员，包括洗碗洗菜人员，从主厨到配菜，餐具的摆放都要有条不紊。

（二）上菜时间

作为厨师，要注意每一道菜的连续性，控制好上菜时间。餐前准备一定要充足，对于每日销售多的产品在每日开业前要做好切配、半成品的准备工作。原材料洗好、准备好后，最好按照分量分好并保鲜以方便随时拿随时用，避免手忙脚乱，效率低下。

（三）主动提醒

作为餐厅服务员，应了解当日厨房情况，在客人点单时，主动提醒所点菜品所需时间，让客人心中有数。并且及时将点餐信息传递给后厨，有条件的还可以准备一些凉菜、水果，让顾客消磨等待时间。当顾客嫌慢要求退菜时，要注意言辞以免激怒客人，要先检讨自己、承担责任，向顾客表明歉意，再说明原因，最后拿出实际补救措施。除了菜品好、服务好，上菜速度也是关键因素。服务员还需要知道的一些常见的点菜和上菜技巧如下。

1. 点菜技巧

（1）按照上菜顺序点菜：先冷后热，然后汤类、主食、点心。

（2）按照就餐人数点菜：两个人一般两三道菜；三到四个人，可以四到五个菜，再加一个汤，等等。

（3）按照消费习惯点菜：如澳门、广东地区，口味偏清淡；河北、北京、天津等地喜欢稍咸一点、味道稍浓一点的菜肴；四川、湖北、湖南地区喜欢辣一点的菜；江浙、上海等地口味偏甜，喜欢甜味及咸中带点甜的食品。

（4）按照消费能力点菜：高消费者，推荐海鲜、河蟹、菌类等；中产消费者，推荐家禽类、小海鲜或素食类菜肴；白领推荐物美价廉的菜肴。

（5）按照食品结构点菜：根据菜单上不同类型的菜肴来推荐，如素菜类、海鲜类、水产类等。

（6）按照菜单搭配点菜。

（7）按照顾客的心理点菜。

2. 上菜时机

（1）先上冷盘，当冷盘用去 2/3 时，上热菜。

（2）上热菜时，杜绝出现空盘，也不可上菜过勤。

（3）每道菜间隔以不超过 5 分钟为宜，出主菜前间隔时间不超过 8 分钟（图 6-3-2）。

图 6-3-2

二、归纳分类在上菜服务中的高效处理

商业模式的本质是效率。通过归纳分类，在各个环节做好准备与巧妙处理，可以提高上菜服务的效率，进而提高餐厅的服务品质。

如何处理才能提高上菜服务的效率？关键是提高出品速度。

（一）预估客流，精准备料

餐厅配料（图 6-3-3）准备工作是影响出品速度的先决条件。在备料妥当之后，配菜师傅只需要按照菜单抓配即可，省去了现场备料的时间。当然，由于食材和销量不同，餐厅需要提前准备的配料也不尽相同。

图 6-3-3

1. 参照平均客流量备料 纯肉类菜品、速冻食材的解冻工作比较耗时，必须提前准备。餐厅在备料时就应按照平时的客流量备料，当然这也是比较通用的方法之一。

2. 畅销菜品按整份备料 对于某些销量较大的菜品，餐厅经营者最好能够精确配料，事先做好整份分装，在需要烹饪的时候，厨师可以一次性拿到所有配料，避免浪费时间。

3. 耗时菜品提前做成半成品备料 对于一些烹饪时间长的菜品，可以事先制成半成品，在用餐高峰期只需加热或加入高汤就可以制成成品上桌。为保证流程的高效，需要每个岗位相互配合，做好自己分区的统计，在前一天将问题和菜品销量报给后厨。后厨在拿到报告之后，便可以着手第二天的备料工作，以此加快餐厅本身的周转速度。

（二）引导点餐，缓解高峰时后厨的压力

虽然现在很多餐单上都会注明菜品的烹饪时间，但很多顾客还是会点一些做法复杂的菜品，他们不会理解因做法烦琐而造成上菜时间延长。遇到这种情况，需要服务员在顾客点菜时作出适当的引导。

某餐厅在顾客点菜时，会尽量向客人推荐一些出餐快的菜品，让快菜和慢菜在时间的搭配上得到平衡，避免出现快菜吃完、慢菜还没有上桌的情况。该餐厅还会提前告知顾客慢菜的上菜时间，让顾客有一定的心理预期（图 6-3-4）。如此一来，在点餐环节就为后厨设了一道缓冲防护。

图 6-3-4

（三）设置传菜"中枢员"，有序备餐

厨房和前厅能否流畅对接，也是影响餐厅出菜速度的一个重要因素。这就需要餐厅在出餐口设置一位传菜"中枢员"，其作用是做好前厅和后厨的对接与沟通。考虑到人力成本，这位"中枢员"可以由服务员或传菜员的领班担任。

很多西餐厅都会设置类似前厅和后厨沟通中枢的岗位：第一，该岗位员工会先标注好每一个餐单的点餐时间，排序之后按照冷热和出餐速度通知后厨准备菜品；第二，该岗位员工会观察前厅每一桌客人的用餐进程，根据餐桌上的剩余可用菜品，估量不同桌客人之间的用餐时间；第三，该岗位员工还会随时检查每桌已出的菜品，避免漏菜现象。

（四）用色卡区分菜品和上菜速度

作为中枢的传菜员，在拿到餐单的第一时间，可以马上用不同颜色的色卡区分菜品对应的上菜速度。色卡的颜色要显著，例如，用红色表示需要加急的菜品，用绿色表示素菜，用蓝色表示冷菜，用黄色表示热菜等。传菜员和后厨最好能使用统一的色卡做标记，沟通时直接以色卡表示意向，节省沟通时间，且不易遗漏。

当一些个性服务成为常态时，即可演变成标准化服务，如此不断循环、优化。无论何种服务，终究要回归到服务的本质，满足顾客的需求。一旦脱离顾客，再好的服务也毫无意义。

≡▶ 任务实施

任务 1　顾客嫌上菜慢要退菜，餐厅该如何处理呢？

就此问题进行分类讨论：上菜慢，老板怎么办？厨师怎么办？服务员怎么办？

实施思路：

多部门配合，提高上菜服务的效率：从老板、厨师、餐厅服务员的角度分析问题，提出各自管理范围的解决办法，共同解决上菜的效率问题。

各组讨论并提出思路。

任务 2　某餐厅是华东某市一家私营餐厅，坐落于市中心，拥有 300 个餐位，主要面对当地客人。该餐厅开业后，营业情况不佳。餐厅经理调查后发现顾客对餐厅的上菜速度极其不满，60% 的客人感到上菜速度太慢，20% 的顾客抱怨经常上错菜，请大家帮餐厅经理找出问题所在，并提出提高上菜速度的对策。

实施思路：

（1）首先对上菜速度慢进行分析，是绝对速度慢还是相对速度慢？找出问题出在哪里。

　　上菜的绝对速度慢,即厨房烹制菜肴耗时太长导致的速度较慢,应从菜单结构、准备工作、员工技能、厨房布局等方面进行分析;上菜的相对速度慢,即厨房烹调时间并不慢,但由于烹制菜肴的次序不合理而导致一部分客人的菜肴上得过快,一部分客人的菜肴上得太慢,这属于信息传递上的问题。

　　(2)根据问题所在,分别提出对策。

≡▶ 评价检测

1. 评价表　见表6-3-1。

表 6-3-1　评价表

评价内容及标准	赋分	等级(请在相应位置画钩)			
		优秀	较优秀	合格	待合格
分类是否合理	25	25	20	15	10
考虑问题是否全面	25	25	20	15	10
解决方法是否有利于提高效率	25	25	20	15	10
解决方法是否能提升服务品质	25	25	20	15	10
总分	100	实际得分:			

2. 测一测　从哪些方面可以提高上菜服务的效率?

≡▶ 小结提升

　　点菜有学问、上菜程序有讲究,通过归纳分类,在各个环节做好准备与巧妙处理,挖掘提高上菜服务的配合与效率办法,进而提高餐厅的服务品质。

经过今天的学习,你有什么学习体会,请写下来:

≡▶ 拓展练习

一、如何提高快餐店上菜速度

（1）厨房的布局　厨房的布局影响厨房各工种的工作流程和程序。

（2）厨师本身　厨师本身做菜技术要好,做菜速度要快。

（3）职能数量　厨师、配菜员的数量搭配及传菜员的数量影响整个工作节奏。

（4）点菜方式　人员点菜按桌盘号上菜的方式影响服务进度。

（5）菜单　是传统的罗列式菜单还是多种形式结合。

（6）菜种　菜品种类的多少及制作方式。

（7）营销举措　有无促进上菜速度的营销举措。

谈谈你认可的办法及原因。

二、根据以下案例谈谈自己的体会

××餐厅是广州一家主打烤鱼的餐厅,在当地人气十分旺盛。在××餐厅里,每张桌子上都贴了三大承诺。

（1）承诺18分钟内上齐菜品,在承诺时间内未上的菜品免费赠送。

（2）对餐厅的菜品不满意,××餐厅无条件更换或者免去这份菜品的费用。

（3）如果对餐厅服务有什么意见请指出来,××餐厅会给顾客打一定的折扣。

对于××餐厅对顾客作出承诺,你认为能够解决顾客等餐时间长的问题吗?

≡▶ 知识链接

一、饮食习惯

各个地区的饮食习惯有一个顺口溜:南甜北咸、东辣西酸,南爱米、北爱面,沿海城市多海鲜,劳力者肥厚,劳心者清甜,少的香脆刺激,老的巴嫩松软。

二、备料环节提高效率的案例

对于每天走量较多的菜提前备好,批量加工。每天都要把每个能提前加工的东西做一遍,既费火力又费人力,一次做好够三天用的,做熟或者做成半成品后,用码斗按照一份的分量分成小份,装入食品袋中密封,放入 0~5 ℃的冰箱中保存。比如,第一天炖鸡,一次炖三天的,第二天炖肥肠,一次又做三天的,第三天炖猪手,第四天又轮到炖鸡,这样每天就只占用一个火口,节省了火力。

第七章

创业规划与统筹

第一节　开办小微企业的要素统筹

≡▶ **任务要求**

　　餐饮专业的小松在毕业后想自己在老家开一家小饭馆,可是,初次创业(图 7-1-1)的他该怎么做?开一个小饭馆有哪些准备事项?本节课为创业者创业做好一定的准备,了解有关开办餐饮型小微企业的流程和统筹方法。

≡▶ **学习目标**

　　(1)了解餐饮型小微企业的划分方法(图 7-1-2)。

图 7-1-1

图 7-1-2

　　(2)理解创办餐饮型小微企业的流程。

　　(3)能够针对创办流程中的一个环节设计自己的统筹方法。

　　(4)体会创业的不易,懂得珍惜机会。

▤▶ 知识积累 🖥

一、什么是小微企业

小微企业是小型企业、微型企业、家庭作坊式企业、个体工商户的统称,是由经济学家郎咸平教授提出的。具体标准根据企业从业人员、营业收入、资产总额等指标,结合行业特点制定。在餐饮业中,从业人员 10 人至 100 人,且营业收入 100 万元至 2000 万元的为小型企业;从业人员 10 人以下或营业收入 100 万元以下的为微型企业。

二、创办餐饮型小微企业的步骤

见图 7-1-3。

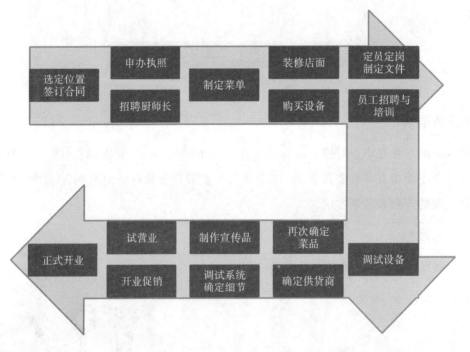

图 7-1-3

三、创办餐饮型小微企业的具体流程

（一）选定店铺位置,签订租赁合同

（1）考察店铺。

（2）确定店铺。

（3）支付定金。

（4）执照审批。

注意事项:未咨询办证机构时不可支付全部租金,否则存在很多风险。例如有些店铺不允许开设餐饮类型的企业(比如居民楼下面的商铺)。在考虑租金成本时,要将租金成本控制在营业额的 10% 以内。为什么不是固定一个额度,而是定一个比例呢?因为租金具体多少不是最重要的,重要的是营业额能够达到多少,好地段的商铺租金肯定会高,但是相对的营业额也会比较高。另外,为了防止乱涨房租的现象出现,签订租房合同时,租期是多长、租期内是否会涨房租、会涨

Note

多少,都要事先和房东商量好,并在合同上说明,以防后期成本过高导致生意难以为继。

（二）申办证照,确定厨师长

（1）先咨询工商部门。

（2）申办污染物排放许可证。

（3）申办卫生许可证。

（4）申办营业执照。

（5）咨询后如果允许在该店铺开设餐饮店,则支付全部租金。

（6）制定厨师长岗位说明书（上级、下属、权利、职责）。

（7）制定厨师长招聘说明书（岗位说明、工作时间、待遇问题、书面考题）。

（8）介绍所登记,并接待面试厨师长。

（9）审议确定厨师长人选。

注意事项:招聘厨师长工作同办证一同进行。餐厅里最重要的职位——厨师长,必须在支付店铺全部租金后立即招聘,并在以后的工作中须与之充分沟通。

（三）确定经营范围,制定菜单

（1）确定菜品类别。

（2）确定菜品及名称。

（3）制定标准菜谱。

（4）根据菜谱初步确定所需的设备器材,并在以后的工作中多留意器材经销商的产品。

（5）确定工作时间、厨房作业流程。

注意事项:菜单是人员配备、流程设置、装修风格、设备安置的总纲。这一步必须完成菜单的90%。此外,厨房作业流程是大厅厨房布局依据,一经装修固定,以后就很难改变,必须事先考虑好。

（四）装修店面

（1）制定装修预算。

（2）初步制定餐厅布局。

（3）选定装修公司。

（4）图纸审阅,确定布局。

（5）确定装修风格。

（6）确定餐厅基本色。

（7）开始装修。

注意事项:装修时必须考虑再三,一旦完工,就很难改变。装修时必须认真参考作业流程、设备器材的体积面积和工作方式特性。后续工作同装修同步进行。厨房必须首先装修。装修成本要控制在开业预算的25%～30%。对于装修费用,并没有一个固定的标准,需要根据餐厅的定位和预算进行综合考量。

装修的原则:方便顾客原则;方便作业原则;方便设备运行原则;凸现经营理念、符合企业视觉识别系统原则。

（五）购买设备和器材

（1）考察厨房用品设备市场，确定供货商。

（2）实施采购。

（3）验收安装。

注意事项：采购设备前必须制定详细的采购清单，并且考察市场，确定一个稳定、服务好的供货商。购买时要认真查看产品性能和质量，确保物尽其用。

（六）定员定岗

（1）确定各岗位。

（2）确定各岗位的人员配置。

（3）确定班次和作息时间。

（4）确定员工宿舍。

注意事项：必须多与厨师长沟通，并和其协同进行后续各项工作。餐厅所有人力成本不超过销售额的 20%。人力成本，不同业态的餐厅差别很大，低的会占 12%～13%，高的甚至会超过 20%，但是比较合理的是不要超过 20%。现在，人力成本占餐厅成本的比重越来越高。尤其是中式正餐，一个好的厨师往往薪资不菲，为了留住一些优秀的人才，有时餐企还会采用股份分红等手段。即便如此，人力成本也要尽量控制在销售额的 20% 以内，否则餐厅的经营将难以为继。

（七）规范各种标准化文件的使用

1．手册

（1）编写总员工手册。

（2）编写厨房员工手册。

（3）编写楼面员工手册。

2．说明书

（1）制定岗位说明书。

（2）制定招聘说明书。

（3）制定餐单说明书（菜肴标准菜谱、制作标准、质量标准）。

（4）制定各种表单（表 7-1-1）。

表 7-1-1　各种表单

面试员工资料表	所有员工资料表	库存总表	日营业报表（收银机自动形成）
物料请购单	盘点统计单	日支出单	月营业报表（收银机自动形成）
员工辞职申请单	员工申诉建议表	月支出单	器具登记表
外卖记录表	交班换班记录表	每日提货表	设备记录表
物料验收单（一张验收单必须对应一张收据或发票）			

注意事项：因为是小规模的店，所以尽量使各种文件简单化，讲究实用、正规、无漏洞即可。

不要过于繁杂,但必须做到有最终单据,有余力可以制定过程单据。

(八)员工招聘

(1)制定招聘目标。

(2)制定招聘计划。

(3)实施招聘计划。

①确定招聘途径。

②面试、考试、试菜,记录过程。

③确定员工进入试用期。

注意事项:严格按照定岗定员的标准、招聘说明书、岗位说明书实施。

(九)员工培训

(1)企业文化、职业道德、规章制度培训。

(2)仪态仪表、工作流程、各岗位技能培训。

(十)调试设备,安全运行

(1)调试设备。

(2)进一步确定设备记录表。

(3)安排设备管理员。

注意事项:安排一个人专门进行简单的维护、检查设备的运行,排除故障,并将设备说明书交其保管。

(十一)最终确定菜品和菜单

(1)再次确定菜品类别。

(2)再次确定菜品名称。

(3)再次完善标准菜谱。

(4)最终完善制作标准和质量标准。

注意事项:确定整个菜单,至开业时不做变化,完善标准菜谱,完善各菜肴的制作标准和质量标准。而且必须讲究细节量化。

(十二)开始确定各供货商

(1)确定生鲜原料供货商。

(2)确定宣传品制作商。

注意事项:必须货比三家,在质量、价格、服务三个方面综合考虑并确定供货商。

(十三)制作各种宣传品

(1)制作各种 POP 广告。

(2)制作各种宣传单(完成后可以叫员工去各住宅区,店铺分发)。

(十四)调试整套系统,确定作业细节

(1)角色扮演,分别进行实际操作。

(2)请亲友作为顾客,进行实际演练。

（3）完善各种流程和作业细节,进一步确定。

（十五）试营业

（1）试营业 7 天。

（2）调整流程、修改文档、训练员工。

注意事项:必须每日总结,并开展讨论,不断调整各项工作,员工间不断磨合,熟练工作技能,修改各种标准化文档。倾听顾客意见,顾客提意见可适当给予优惠券表示感谢。

（十六）制定开业促销方式

根据试营业的情况,制定开业时促销方案,促销方案必须有针对性,并紧密联系顾客的需求制定。

（十七）正式开业

（略）。

四、关于开设餐饮型小微企业的统筹方法

（一）统筹方法

统筹方法是一种安排工作进程的数学方法。它的适用范围极为广泛,在企业管理和基本建设中,在关系复杂的科研项目的组织与管理中,都可以应用。统筹方法的应用,主要是把工序安排好。

例如,想泡壶茶喝,当时的情况是:开水没有;水壶要洗,茶壶、茶杯要洗;火已生了,茶叶也有了。怎么办?

办法甲:洗好水壶,灌上凉水,放在火上;在等待水开的时间里,洗茶壶、洗茶杯、拿茶叶;等水开了,泡茶喝。

办法乙:先做好一些准备工作,洗水壶,洗茶壶、茶杯,拿茶叶;一切就绪,灌水烧水;坐待水开了再泡茶喝。

办法丙:洗净水壶,灌上凉水,放在火上;坐待水开;水开了之后急急忙忙找茶叶,洗茶壶、茶杯,泡茶喝。

哪一种办法省时间? 我们能一眼看出第一种办法好,后两种办法都"窝了工"。

这是小事,但这是引子,可以引出生产管理等方面有用的方法来。

（以上事例选自华罗庚《统筹方法平话》一书）

（二）统筹步骤

开设一家餐饮型小微企业有哪些步骤可以统筹进行呢?

在前面罗列的开一家餐馆所需的十七个步骤中,有些步骤之间是可以同步进行的。比如,在办证的同时,可以招聘厨师长,并和厨师长协商菜品定位、装修风格等事宜。再比如,在装修的同时,可以招聘员工,进行员工培训等。

那么,你还能列举出哪些步骤是可以同步进行的吗?

（三）具体步骤

在开餐饮型小微企业（图 7-1-4）的十七个步骤中,每一个步骤又可以详细统筹规划具体步

图 7-1-4

骤。例如在装修过程中,需要统筹制定哪些详细的步骤呢?

1. 设计阶段

(1)饭店店面租定后,预约专业设计师去现场实地测量,根据房型结构、饭店功能等需求,设计师会作出初步的平面方案、概念图等给客户进行参考。

(2)客户对平面方案和设计理念满意后,签订设计合同,进一步深化设计,深化设计不仅要满足饭店的功能需求还要追求合理美观,提供的效果图要充分体现设计理念与饭店风格。

(3)设计师要提供完整的施工图纸,包括立面图、水电图、墙体改建图等。餐饮行业涉及公共卫生及消防安全,所以其设计方案不仅要满足自己的使用需要,而且还要满足物业公司、政府有关部门(如卫生局、消防局)的管理要求,所以设计师要综合考虑消防、卫生、环评等因素,确保提供的图纸能够通过物业与相关部门的审核,取得施工许可证。

2. 施工阶段

在正式进入施工阶段前,客户还需参考施工预算并与装修公司签订施工合同。在设计师提供的设计规划以及选用材料的基础上,装修公司可事先计算出整个装修过程的费用,包括材料、人工等费用。客户认可后方可与装修公司签订施工合同,合同中的内容应包括项目造价、工期、付款方式、保修期等。

(1)进场准备

①施工人员进场要与物业单位签订施工责任合同,业主要明确装修业主须知,并与物业签订有关责任合同。由业主或装修公司自己为装修队伍办理出入证、施工人员押金。

②施工人员要对原始房屋进行现场验收:门窗是否齐全;墙壁、顶面、地面是否平整;厨卫排水管道是否通畅。如果店面属于旧建餐厅更新改造则还涉及拆除、清场工作。

③施工人员必须对进场的材料进行审核,水电、木工设备最先进场,同时对基本的水电材料进行预订,还要明确开关、插座、卫生间龙头排水布置等设计事项,以便展开后续工作程序。

(2)施工 饭店店面的装修施工顺序一般如下:水电施工—木工施工—泥工施工—油漆工施工—橱柜、木门、地板、散热器、开关、灯具等安装—保洁—家具软装进场安装。期间,餐饮桌椅等外加工的部分要及时跟进,以便硬装部分完成后能及时将软装安排进场,提高效率。

(3)竣工验收 店面装修竣工后,需要会同设计人员、施工人员、设备供应单位及工程质量监督部门对装修、水电空调安装、电力增容、抽排烟系统、收银系统、天然气系统等进行全面检查,验收工程的施工质量,同时对验收检查中存在的问题提出整改意见。

(4)保修服务 由于餐饮店内安装了比较多的设施(图7-1-5),在经营过程中难免会出现各种故障,例如空调系统、电器设备故障,一旦产生这些问题就会影响到餐厅的正常营业,所以需要及时处理完善。因此在装修时,客户也可以指定一家信誉良好的装修公司总承包,减少供应商数量,这样处理起售后服务也更加可靠高效。餐饮装修的保修期应当以施工合同上签订的期限为准。若在保修期内出现质量问题,则由装修公司负责检查、维护、修缮。若保修期满,项目的质量和安全则由业主负责。

图 7-1-5

≡▶ 任务实施

小松想在老家(三线城市)核心地段开一家60平方米的中档餐厅,预算为20万元。

任务 1 请将选择餐厅位置、定位目标消费人群等实施步骤进行详细统筹规划。

实施思路:见表7-1-2。

表 7-1-2 实施步骤

步骤序号	步骤名称	注意事项

任务 2 请帮助小松制定开业促销方案,可以结合上一个任务的场景和人群特点制定方案。

实施思路:见表7-1-3。

表 7-1-3　促销方案

方案序号	方案名称	注意事项

≡▶ 评价检测

1. 评价表　见表 7-1-4。

表 7-1-4　评价表

评价内容及标准	赋　分	等级（请在相应位置画钩）			
		优秀	较优秀	合格	待合格
步骤、方案设置合理	25	25	20	15	10
步骤、方案设置周全	25	25	20	15	10
注意事项考虑全面	25	25	20	15	10
计划可行性强	25	25	20	15	10
总分	100	实际得分：			

2. 测一测

（1）餐饮业型小微企业的从业人员人数范围是 _____ 人到 _____ 人，营业额在 _____ 元以下。

（2）店铺租金占开业预算的 _____ 。

（3）简要说明统筹方法。

（4）简要说明开一家餐饮型小微企业的流程。

≡▶ 小结提升

（1）什么是餐饮型小微企业？

（2）开设一家餐饮型小微企业大致需要的十七个步骤是什么？

（3）餐厅装修的详细统筹规划有哪些？

经过今天的学习，你有什么学习体会，请写下来：

微课：菜品
开发与推
销技巧

拓展练习

学习了以上知识，请你根据自己家乡的标准，结合自身情况做一个餐厅流程的统筹规划。

第二节　菜品开发与推销技巧（一）

任务要求

小松是一家餐馆的经理，面对不断变化的市场和激烈的竞争环境，为了吸引更多的消费者，保持市场竞争力，要不断更新菜单，创新开发餐馆新的菜品。他将如何实施？又有哪些需要注意的事项？请你运用菜品开发的步骤与方法帮助他解决这个问题。

学习目标

（1）了解开发新菜品的必要性和菜品开发常见误区。

（2）掌握菜品开发的步骤和方法。

（3）增强创新创业意识。

知识积累

菜品开发是餐饮业永恒的主题，同时也是烹饪工作者孜孜不倦的追求目标和乐此不疲的发展动力。餐饮菜品的开发与设计是餐饮企业适应市场需求、保持竞争力的根本，同时也是一个企业的形象、技术水平、开发力度的具体表现。在餐饮业激烈竞争的今天，菜品的创新开发已经成为餐饮企业参与市场竞争的一个重要环节。

一、菜品开发的注意事项

目前在我国餐饮企业经营中，不少企业的厨房员工在菜品开发中出现了一些误区，如重视美观、轻视食用、费工费时等，为了避免这些误区，我们在做菜品开发时应注意以下几点。

图 7-2-1

（一）尊重市场性

在创新菜品的酝酿、研制阶段，首先要考虑当前顾客比较感兴趣的东西。即使是开发乡土特色菜（图 7-2-1），也要符合现代人的饮食口味。通过对市场进行缜密的调查和细心的研究，我们不难发现其中潜在的市场运营规律，从而根据这些规律适时地调整自己的创新思路和途径，做到有的放矢。

比如分析北京餐饮市场的一些变化，我们可以从中发现，冬天比较流行温补类菜品，"锅仔"大行其道并且成功地超越了火锅，这些变化是推出创新菜品的时候必须重点关注的，这样才能更好地迎合顾客的消费需求，在餐饮市场火爆的竞争中分得一杯羹。

在研究过去和现今饮食潮流和市场规律的基础上,我们还要准确分析,预测未来饮食潮流,做站在时代前沿的人,在未来餐饮市场的争夺中占领先机。这就要求烹饪工作者要时刻研究消费者的价值观念、消费观念,创造性地引导消费。

作为创新菜,首先应具备可食用的特征。只有获得消费者的喜爱,才有生命力。不论什么菜,从选料、配料到烹饪的整个过程,都要考虑可食性程度,都要以适应顾客口味为宗旨。创新菜的原料并不讲究珍贵、高档,烹饪工艺也不追求复杂、烦琐。

(二)强调营养性

营养卫生是食品的最基本要素。创新菜是供顾客品尝食用的,因此它必须是卫生的,有营养的。一道菜品如果仅是好吃而对健康无益,也就没有生命力。当我们在设计创新菜品时,应充分利用营养配餐的原则,以创新、健康的菜品吸引顾客。顾客不再只追求口感、美观等,他们开始把更多的注意力放在菜品的营养性方面,食补也渐成风尚。人们在现实生活中,会源源不断地获取一些与食品营养有关的信息和饮食健康的宣传,人们希望能够食用的菜品对身体有益。所以我们在研制创新菜品时要注重食品的营养性,深入地了解所用原料的营养价值,并且根据不同原料的搭配组合所产生的不同效果,进行有益尝试,在选料和烹制时要充分考虑到营养性因素,更好地发挥食品的营养价值。

(三)关注大众性

创新菜的推出,要坚持以大众化原料为基础。一道美味佳肴,只有被大多数消费者所接受,才有巨大的生命力。创新菜的推广,要立足于易取、价廉物美的原料。一个厨师能把山珍海味做好并不难,要能把萝卜青菜做得好吃,那才是真本领。所谓大众性并不是不可以使用特殊的原料进行烹制,只是我们在选料时应该尽可能考虑到更多消费者的需求,不要去一味地迎合个别人的个别口味,这样才能保持菜品的生命力。

二、菜品创新的主要思路

(一)原料的开发与利用

不同的地理、气候条件,造成原料特色各异,这为菜品制作与创新奠定了物质基础。一种原料,可以制成多种多样的菜品,同一种原料的不同的部位可制成各不相同的菜品。也正因为一物多用才出现了以某一原料为主的全席宴,如全鸭宴、全羊宴、豆腐席等。一物多用的关键,就是要善于利用和巧用烹饪原料,即要有利用原料的创新意识。

(二)调味品的组配与出新

菜品风味的形成,首先是具有丰富的调味品。高明的厨师就是食物的调味师。菜肴口味类型很多,关键在于如何搭配。所以,厨师必须掌握各种调味品的有关知识,并善于适度把握五味调和,才能创制出美味可口的佳肴。比如川菜把各种不同的调料品灵活运用,进行多重复制,制作出新型口味的菜肴;粤菜在调料上大量采用舶来品,采用鱼子酱、沙拉酱、虾酱、鱼露、奶汁等从国外引进的调味品。

（三）烹饪工艺的改良和借鉴

作为不同地方的菜系,在烹制工艺上必定有着不同的个性特点,如今的厨师,不仅要在某一菜系的烹制上取得成绩,还要不断地吸收和借鉴其他菜系的一些做法,将传统烹饪方法古为今用,将西餐工艺洋为中用,促使新的烹饪工艺不断涌现。拿烹饪工艺相当完整的川菜来说,其发展也是在不断地借鉴或改良其他菜系的特长之处,许多川菜厨师也开始学习粤菜的调味、淮扬菜的刀工、晋菜的面食同制以及鲁菜的吊汤等。

三、菜品开发步骤

开发新菜品,我们应遵循七个步骤:

（一）调研

调查研究餐厅周边的企事业单位、商务写字楼、购物商场、住宅小区的人流量以及主要消费群体等;调查周边餐饮食业的经营情况,如风味特色、人均消费、销售额等编制调查报告。

（二）定位

分析调查报告,寻找市场空隙,根据自身情况(面积、资金等)进行差异化定位。根据定位的目标市场确定风味特色(图 7-2-2),起草菜品设计方案,包括菜品设计总思路、核心风味特色菜和完整的菜品结构。

图 7-2-2

（三）规划

根据菜品设计与厨房面积,提出设备与用具的规划方案,制定厨房设计方案、厨部管理模式、人力结构及工作流程。

（四）试制

核心菜品由技术总监负责,试制成功后制定标准菜谱,并对原材料供应渠道进行市场调查;招聘技术骨干,完善菜品结构,反复试制,制定餐具申购单,订购餐具。

（五）定标

编制菜品质量标准、操作标准及毛利预算,制作菜谱。

（六）培训

对厨部员工进行培训,包括原料加工、配份标准、操作程序等;对服务人员进行成菜特点、口味特色、营养结构、合理搭配等的培训并组织考核。

（七）提升

定期督导,纠正偏差;查阅顾客反馈意见及时完善;根据市场需求创新提升。

任务实施

任务1 阅读以下两个菜品开发的成功案例,结合本课内容分别从两个案例中找出各自的关注点或创新点。

案例1 前几年热播的韩国电视连续剧《大长今》带给人们的不仅仅是好看的故事情节,还有对韩国饮食文化的认识和理解,人们也开始对电视里播出的那些具有较高营养价值和滋补效果的菜品倾心,一些韩餐馆就借机推出了电视里的"长今菜",宣传自己菜品的营养价值,受到了人们的追捧。

案例2 一间经营北京菜式的餐馆,因为地处北方人集中的地段,一向生意不错。但是这家餐馆的厨师并不满足于现状,总是动脑筋在菜式上创新,他们尤其喜欢研究如何将广东人爱吃的粤菜变为北方人也爱吃的菜式。像粤菜中的虎皮尖椒,广东人不似北方人受得了辣味,所以,此道菜口味偏甜。开始时,此餐馆厨师照版做了虎皮尖椒,但客人点得不多,即使有客人点了这道菜也吃不完,细心的服务员观察到此情况,并上前询问客人,才知道吃惯了味道浓郁菜肴的北方人嫌粤菜制法的虎皮尖椒不够香辣、不够刺激。客人的意见反馈给厨师后,厨师做了改进,他为适应北方人的口味,在这道菜出锅装盘前淋上陈醋,从而出现了一种别具风味的虎皮尖椒,甜咸酸辣优化组合,深受客人欢迎。

任务2 请你走访一家喜欢的餐馆,选一道菜,可以是你常吃的菜(图7-2-3),提出你的创新思路或改进想法,并作出具体说明。

图7-2-3

实施思路:

(1)发现原菜品的不足与问题。

(2)提出创新点(从营养、口味、色、香等方面)。

(3)具体实施(从选择食材与调料、加工方法、摆盘等方面)。

评价检测

1. 评价表 见表7-2-1。

表 7-2-1　评价表

评价内容及标准	赋　分	等级（请在相应位置画钩）			
		优秀	较优秀	合格	待合格
菜品开发时能够避免误区	25	25	20	15	10
菜品开发时能够思路明确	25	25	20	15	10
明确并能够遵循七个步骤	25	25	20	15	10
有独到的创新点	25	25	20	15	10
总分	100	实际得分：			

2. 测一测

(1) 菜品开发的误区有_____、_____、_____等。

(2) 菜品开发时应注意_____、_____、_____。

(3) 菜品开发的七个步骤是_____、_____、_____、_____、_____、_____、

_____。

(4) 简要说明你对于菜品开发的思路。

≡▶ 小结提升

(1) 菜品开发时应注意：

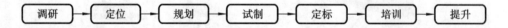

市场性 → 营养性 → 大众性

(2) 菜品开发的七个步骤：

调研 → 定位 → 规划 → 试制 → 定标 → 培训 → 提升

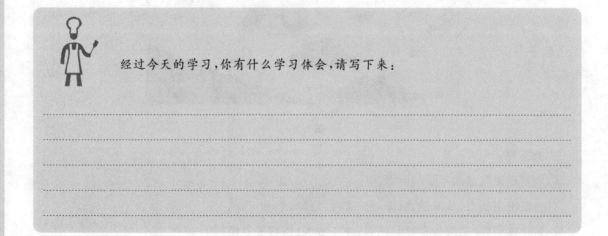

经过今天的学习，你有什么学习体会，请写下来：

≡▶ 拓展练习

中外文化交流越来越多，烹饪技术也不例外。烹饪工作者在菜品的制作上，也开始越来越多地引进西餐的烹饪方法，请你尝试研制一道中西合璧的新菜品。要求按照开发步骤写出报告。

≡▶ 知识链接

大董意境菜——上下五千年的美食情结

什么是意境菜？意境菜融情于意境，融味于生活，承载中国传统文化的诗词歌赋、传统绘画之美，是 2017 年上海米其林餐厅创始人董振祥先生（图 7-2-4）用以诠释烹饪艺术的另一流派。大董意境菜发展至今，已不下十年，十年间的意境创作诠释与大董先生云游国内外的采风经历息息相关，访遍中国四大菜系地区后，还到法国、意大利、西班牙、美国、丹麦等国寻找美食灵感。

香格里拉羊肚菌

2017 年 3 月，大董先生到了云南的香格里拉，天气晴朗的时候，穿过林间，深褐色的羊肚菌，正在晨光里尽情施展腰身。大董先生每一段旅行，似乎都是在为他的烹饪埋下伏笔。怎样用少许黄油锁住羊肚菌的鲜味？怎样还原羊肚菌最朴实珍贵的本质味道（图 7-2-5）？香格里拉羊肚菌就是解决这个问题的办法。

图 7-2-4

图 7-2-5

红花汁鱼肚

认识大董意境菜，从烤鸭、海参开始；熟悉大董意境菜，由一道红花汁鱼肚拉开帷幕！出自谭家菜的黄焖方式，大董先生在学习北京谭家菜的十多年间，出于对现代健康饮食的考量，用红花汁代替高汤，不仅使汤汁更浓郁入味，色泽也更为鲜艳。而这香艳红火 20 年的原创酱汁，也成了大董先生最引以为傲的自创专利。明黄的汤中可见黑点零落（图 7-2-6），那是意大利黑醋做的鱼子，配色是来自英国白金汉宫黑色铁门与黄金花纹的艺术灵感，舀一勺红花汁浓汤入口，是红花汁里的鸡汤鲜美，轻抿一下，鱼子挨个爆破，黑醋溢出，酸咸中和，搭上名物敏肚公，一阵温柔却有力的丰满胶质纷至沓来，不由让人眼前一亮，很妙！

干邑拔丝苹果

传统鲁菜中的经典菜品拔丝苹果（图 7-2-7），在大董先生的创意演绎下，融入了干邑酒的元素，将干邑通过小吸管注入苹果中，既保证了干邑的味道不受高温烹饪而影响，又让食客的口腔里充满了干邑酒的一阵悠长回味。大家应该记得童年记忆里不许多吃的酒心巧克力吧，一样的爆浆感受，想来这是大董先生送给大孩子们的一个传统新意境。

Note

图 7-2-6　　　　　　　　　　　　　　　　　　　　图 7-2-7

第三节　菜品开发与推销技巧(二)

任务要求

　　小松的餐厅刚开业不久,为了打开市场,吸引更多的顾客,他想要推销自己的餐厅,那么要采用什么推销手段呢?请你运用本节课所学的餐厅推销的方法助他一臂之力吧!

学习目标

　　(1)知道餐厅推销的方法及意义。

　　(2)能够根据餐厅的实际情况制定合适的推销手段。

　　(3)增强对餐厅经营统筹规划、不断推新的意识。

知识积累

　　推销是餐厅经营过程中重要的一环,能熟练掌握并运用推销技巧,对于餐厅销售可收到积极的效果,同时学习推销技巧对未来职业的发展将会起到非常重要的作用,将来无论从事什么行业,具有一流的推销能力都会对自己有很大的帮助。

餐厅推销方法

(一)营造气氛

　　对整个饮食行业来说,室内装饰是一个有力的推销手段。像情调和气氛这些难以捉摸的东西却对餐馆的收入有直接影响。

(二)人员推销

　　餐厅中的每一个人都是潜在的推销员,包括餐厅经理、厨师、服务人员以及顾客。有效地发挥这些潜在推销员的作用同样会给餐厅带来利润。

　　1. 餐厅经理　曾有一位饭店总裁说过:"我们饭店的总经理、销售部经理和我,每天从 12 点到下午 1 点都站在饭店的大厅和餐厅的门口,问候每一位客人,同他们握手。当然我们希望以此赢得更多的生意。"如果餐厅经理也采用此法,就会让客人感到自己被重视、被尊重了,就乐意来

Note

就餐,并有利于刺激消费。

2.厨师 利用厨师的名气来进行宣传推销,也会吸引一批客人。对重要客人,厨师可以亲自端送自己的特色菜肴,并对原料及烹制过程做简短介绍。

3.服务人员 鼓励登门的顾客最大限度地消费,这重担主要落在服务人员身上。服务人员除了提供优质服务外,还得诱导客人进行消费。其中,服务人员对顾客口头建议式推销是最有效的。

建议式的推销要注意以下几个关键问题。

(1)尽量用选择问句,而不是简单地让客人用"要"和"不要"回答的一般疑问句。

(2)建议式推销要多用描述性的语言,以引起客人的兴趣和食欲。"一份冰淇淋"的诱惑力远不如"一份新鲜加利福尼亚桃子味的冰淇淋"。

(3)建议式推销要掌握好时机,根据客人的用餐顺序和习惯推销,才会收到更好的效果。

4.顾客 "顾客是餐厅的上帝。"餐厅赢得顾客的一句赞赏胜过餐厅工作人员的一千句,这在潜在顾客中的影响极大。

(三)广告推销

1.宣传单 在繁华的地段发放宣传单,可将餐厅的特点、菜肴、名称、地址,甚至是促销活动等信息传达给过往行人,是一种最为常见的推销手段。

2.餐厅门口的告示牌及餐桌台卡 介绍诸如菜肴特选、特别套餐、节日菜单和增加新的服务项目等,其制作要和餐厅的形象一致。告示牌放于餐厅门口告知路人,台卡的摆放可以利用客人等餐时间进行很好的推广(图 7-3-1)。

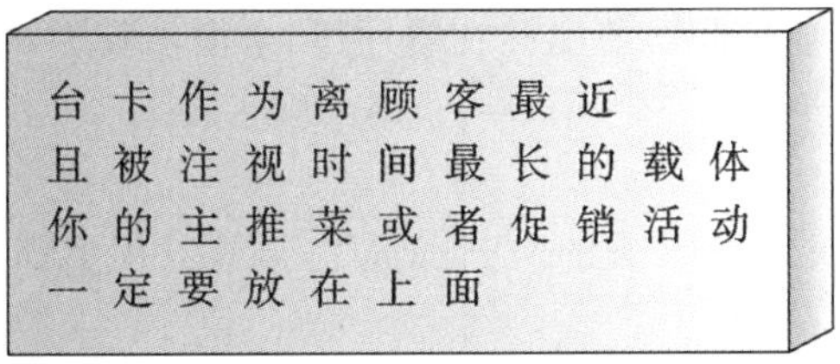

台卡作为离顾客最近
且被注视时间最长的载体
你的主推菜或者促销活动
一定要放在上面

图 7-3-1

3.电梯内的餐饮广告 电梯的三面通常被用来放餐厅、酒吧和娱乐场所的广告,对于顾客而言,这是一个很好的推销方法。陌生人站在电梯内是比较尴尬的,周围的文字对其则更有吸引力,也能取得较好的效果(图 7-3-2)。

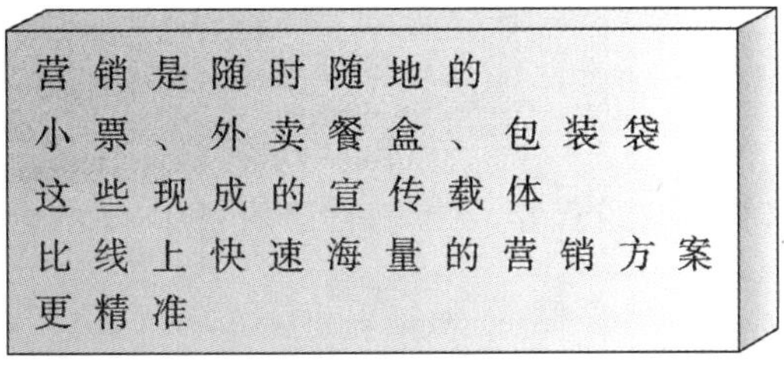

营销是随时随地的
小票、外卖餐盒、包装袋
这些现成的宣传载体
比线上快速海量的营销方案
更精准

图 7-3-2

Note

（四）展示实例

在餐厅橱窗里陈列菜肴的模型或图片,包括摆设整齐餐桌、宴会现场照片或陈列一些鲜活的海鲜,以此来吸引顾客,推销自己的餐饮产品。

（五）现场烹制

将部分菜肴的最后烹制工序在现场进行,是一种有效的现场推销形式。这种形式让顾客看到形,观到色,闻到味,从而促使他们产生冲动型决策,使餐厅获得更多的销售机会。现场烹制要具备一定的条件,特别是有较好的排风装置,以免油烟影响其他客人,污染餐厅。

（六）顾客试吃

有时餐厅想特别推销某一种菜肴,可采用让顾客试吃的方法促销。用车将菜肴推到客人的桌边,让客人先品尝,如喜欢就请现点、不合口味的再点其他菜肴,这既是一种特别的推销,也体现了良好的服务(图 7-3-3)。

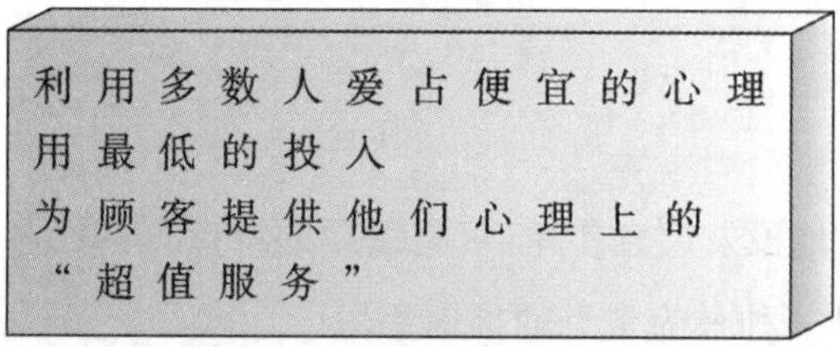

利用多数人爱占便宜的心理
用最低的投入
为顾客提供他们心理上的
"超值服务"

图 7-3-3

（七）名人效应

餐厅邀请当地的知名人士或新闻人物来餐厅就餐。并充分抓住这一时机,大力宣传,并给名人拍照,签名留念。然后把这些照片、签名挂在餐厅里,来增加餐厅知名度,树立餐厅形象。

≡▶ **任务实施**

任务 1　请你利用假期走访你常去的两三家餐厅,调查其用了哪些推销方法,效果怎样。

实施思路:

(1) 走访餐厅,了解餐厅基本情况。

(2) 学习先进的推销方法,交流经验。

(3) 提出一些你自己的想法。

任务 2　假设你是一家餐厅的经营者,要推销自己的餐厅,请结合餐厅的基本情况举例说明策略。

实施思路:

(1) 确定自身餐厅情况(可从餐厅类型、餐厅规模、餐厅地理位置及受众群体方面考虑)。

(2) 根据本节课所讲到的方法,制定适合自己餐厅的推销方法。

（3）可以结合信息时代特点开发出新的推销方法。

≡▶ 评价检测

1. 评价表　见表7-3-1。

表7-3-1　评价表

评价内容及标准	赋　分	等级（请在相应位置画钩）			
		优秀	较优秀	合格	待合格
明确餐厅推销的意义	25	25	20	15	10
知道餐厅推销的方法	25	25	20	15	10
能制定适合餐厅的推销手段	25	25	20	15	10
增强创新意识	25	25	20	15	10
总分	100	实际得分：			

2. 测一测

（1）餐厅推销方法有 _____、_____、_____、_____、_____、_____、_____。

（2）人员推销中推销员包括_____、_____、_____、_____。

≡▶ 小结提升

餐厅推销方法：

营造气氛 → 人员推销 → 广告推销 → 展示实例 → 现场烹制 → 顾客试吃 → 名人效应

经过今天的学习，你有什么学习体会，请写下来：

　　小松开了一家中式快餐店,希望吸引附近的上班族来店消费,为了吸引到更多的顾客,他想要推销自己的餐厅,请你帮他设计一张宣传单,来推销他的餐厅。

第四节　创办小饭馆的投资收益分析

≡▶ 任务要求

　　小松创业想开一个小餐馆,那么他到底都要做哪些准备?开业后每天的营业额有多少才能盈利?请你运用本节课知识帮他做好预算,计算出能够使餐馆盈利的每日营业额,帮小松开个好头。

≡▶ 学习目标

　　(1)了解餐馆预算的项目组成,知道投资收益的有关常识(图7-4-1)。

图 7-4-1

　　(2)能够看懂餐馆的投资预算表,能够看懂各种计算投资收益的公式,并简单应用。

　　(3)体会创业的不易,懂得珍惜机会。

≡▶ 知识积累

一、投资收益

　　投资收益,是指餐馆对投资取得的收益与发生的成本费用相抵后的余额。餐馆投资项目进入运营阶段后,取得的营业收入中的很大一部分都将被各项成本费用开支所抵消。

　　成本费用通常分为固定费用和变动费用。

　　固定费用主要包括房租、人员工资、折旧、办公费、水电费、维修费等。

　　变动费用主要为加工、制作餐饮产品而发生的原材料耗费,包括主料、配料和调料等原材料的耗费。

Note

以上这些成本费用的开支水平,直接影响餐馆的收益水平,因此,在进行餐饮投资项目效益分析时,应尽可能精确地预测营业成本、费用,做好预算。

二、预算

餐馆预算,是根据餐馆过去业务经营活动状况和财务预算、决策的结果,对餐馆未来财务活动的各个方面及投资人产出预先进行科学计算,编制出费用。预算,作为财务活动的指导性文件,应预先对财务活动进行控制。投资餐馆的预算主要分以下六个部分。

（一）对初期费用进行预算

初期费用包括用于会计核算、法律事务以及前期市场开发的费用,还有一些电话费、交通费之类的管理费用。

（二）对租赁场地费用进行预算

租赁场地的注意事项:

(1)聘请专业咨询师对房屋进行租赁估算。

(2)租赁场地费要考虑周全,包括公共设施、车位、垃圾台等的费用都要预算清楚。

(3)租赁场地费估算最好按每平方米每日多少元计算,不要按月或按年统计算出。

(4)租赁场地费用估算要参照周围出租费用行情。

（三）对装修费用、设备设施费用进行预算

餐饮店的装饰包括门面、厅面、厨房三个大的方面,若是中小饭馆餐饮店,门面和厅面装饰应以简洁、明亮、卫生、雅致为主。厨房装修应以卫生为主,结合方便厨师、工作人员操作,便于油烟、污水排放功能考虑。能节省则节省,避免豪华装饰,以免营业前期投入过多。在估算设备、设施费用时,还应包括运输费和安装调试费。设施和设备包括厨房中的烹饪设备、储存设备,以及冷藏设备、运输设备、加工设备、洗涤设备、空调通风设备、安全和防火设备等。

（四）对家具和器皿费用的预算

家具费用主要指办公家具、员工区域家具、客人区域家具等。器皿(图7-4-2)主要是指餐厅、厨房经营用的瓷器、玻璃器皿、银器等物料用品,应先根据确定的饭馆餐饮店的服务方式和桌位数,计算出各种家具和器皿需要的数量,再根据市场价格进行估算。

图 7-4-2

（五）劳动力成本的预算

饭馆餐饮店劳动力成本由管理人员、服务人员及厨师的工资组成。可按不同人员的工资标准乘以人数来估算。各类人员的工资水平,在各劳动力市场都有平均工资标准可供参考。

（六）对运营费用进行预算

运营费用包括营销费用、广告费用、员工培训的费用等。还应该考虑不可预见的准备金,一般为前几项总和的 5%～30%。

一般来讲,需要准备比上述资金预算更为宽裕的资金,才能在发生意外成本时从容不迫地应付。从资金筹备来说,如果资金有限,那么必须在资金的限度之内对餐馆的规模、档次及从筹建到正常运作的时间进行严格的控制,尽量避免浪费。

总的来说,预算(表 7-4-1)可分为前期预算和每月支出预算,下面举例详细说明。

前期投资预算包括:

(1) 房租;

(2) 装修;

(3) 设备(如厨具、餐具、用具、桌椅、柜台等);

(4) 原材料储备(根据菜谱来推算);

(5) 申办营业执照、卫生执照等;

(6) 办理贷款费用(评估、保险等)。

每月支出预算包括:

(1) 人工(如厨师、杂工、服务员等)支付工资;

(2) 固定开支(包括水、电、煤气费及电话费、卫生管理费、地税等);

(3) 贷款偿还(等额本息);

(4) 不可预见开支。

表 7-4-1 餐厅开业资金预算表

序号	项　目	说　　明
1	店租	首期或第一年需要支付的租金
2	设备和用品	开业时为满足经营需要而必须采购的设备和用品的费用
3	装修	开业前必须完成的室内外装修的费用
4	固定开支	包括定期的水、电、煤气费及电话费、卫生管理费、地税等
5	原料	至少有够用三天至一周的可以保存的主料、辅料、调味品、燃料、酒类、烟、茶、饮料等的费用
6	工资	至正常营业前需要支付员工的若干月工资的总和
7	周转金	需当日采购的原料(如各种鲜货、蔬菜等)费用和应急购买物品的采购费
8	宣传或促销费	若要迅速打开经营局面,通过一定方式进行宣传和促销是必不可少的手段,这块资金弹性较大,必须通过制定合理的宣传促销方案来确定
9	不可预见费	为正常预算之外的或因外界条件变化、突发事件等引起的必须支付的应急费用

例 1　根据上面所给餐厅开业资金预算表,假设要在北京开一个营业面积大概 60 平方米、面向工薪大众、大约容纳 20 人的中餐馆,请做一个资金预算表。

解　见表 7-4-2。

Note

表 7-4-2 资金预算表

项 目	预 算
店租	180000 元（每月 15000 元）
设备和用品	100000 元
装修	100000 元
固定开支	5000 元/月
原料	10000 元
工资	30000 元/月
周转金	5000 元
宣传或促销费	10000 元
不可预见费	20000 元

例 2 有一位投资者王某投资近 50 万元开了一个快餐加盟店，最初生意还不错，每月扣除支出后都能余下一些现金存入银行，自我感觉良好，但一年以后这家店却准备关门了，这是为什么？与之交流后发现，王某算了一笔"糊涂账"，他把餐厅每天（月）的现金收入减去用于采购、工资、水电等项目的现金支出，认为剩下的钱就是当天的利润（图 7-4-3）。可是一年后王某发现虽然餐厅每天都有"利润"，自己也省吃俭用，可是总资产却没有增加，投入的 50 万元一分也没收

图 7-4-3

回来，这才恍然大悟：原来餐厅一直在赔钱，只好忍痛把餐厅卖掉。

那么到底每天营业额为多少才能不赔钱？

三、投资收益分析

对餐饮投资者来说不仅要了解餐饮项目需投入多少钱，更要关心开业后的运营情况，算清每天最少卖出多少菜品才能不赔钱，每天最少卖出多少菜品才能不需要追加资金，每天最少卖出多少菜品才能获得满意的利润。只有算清这三笔账，才能做到心里有数，才能在投资和经营中作出正确的决策。下面介绍餐饮投资中这三笔账的算法。

餐饮企业经营中发生的各项费用支出可分为固定费用和变动费用两大类，固定费用是与销售量没有直接关系、不随销售量的变化而变动的费用，无论餐厅卖出多少产品，都必须固定地支付这些开支。变动费用是随销售量变化而变动的，如原材料、包装物等，如果一份菜品都没卖出去，理论上说变动费用就是零。一份菜品扣除直接成本后的收益称为边际贡献，亦即每销售一份产品贡献的毛利润。例如某一菜品售价 15 元，直接成本（原料和辅料）为 5 元，单位产品的边际贡献就是 10 元。弄清固定费用、变动费用、边际贡献后，就可以进行盈亏平衡测算。

（一）第一笔账——盈亏平衡点

盈亏平衡点是企业不赔不赚时的销售额（或销售量），也就是每天最少卖多少钱的菜品才能不赔钱。如果餐厅每月房租、工资等固定费用为 5000 元，平均每卖一份菜品的毛利润为 10 元，只需销售 500 份菜品即可弥补固定费用，实现盈亏平衡，店铺不赚钱也不赔钱。这 500 份菜品销售量就是盈亏平衡点销售量，500 份菜品所实现的 5000 元就是盈亏平衡点销售额。

王某的餐厅情况比较特殊，是加盟别人的品牌，因此产生了额外的费用，包括：加盟费为 10 万元，保证金 5 万元，管理费每年 5 万元。餐厅正常产生的装修费 10 万元，设备费 15 万元，店铺筹备期所发生的工资、交通、办公等费用都计入开办费，计 3 万元（摊销年限及折旧年限按 5 年计算），以上投资总额为 48 万元。餐厅每份菜品平均售价 15 元，平均变动费用 6 元，开业后每月水电费 1 万元，工资 2 万元，房租 2 万元按月支付。下面计算王某餐厅的盈亏平衡点。

（1）加盟费、开办费要计入待摊费用，一般在开店前一次性付清，可分 5 年摊完，每个月的摊销额为

$$每月加盟费开办费摊销额 = \frac{加盟费+开办费}{摊销年限 \times 12}$$

$$= \frac{100000+30000}{5 \times 12}$$

$$= 2167（元）$$

（2）加盟管理费一般按年支付，可在一年 12 个月内摊完，每月摊销额为

$$每月管理费摊销额 = \frac{管理费}{12}$$

$$= \frac{50000}{12}$$

$$= 4167（元）$$

（3）设备费和装修费计入固定资产，一般可按 5 年期折旧（为了尽快收回投资，减少风险，小型餐厅可按 3 年期折旧），每月折旧额为

$$每月折旧额 = \frac{设备购置价+装修费}{折旧年限 \times 12}$$

$$= \frac{150000+100000}{5 \times 12}$$

$$= 4167（元）$$

（4）保证金按规定一般在合同期满后退还，不需要计入损益。

（5）店铺每月发生的固定费用一般来说就是折旧、各项摊销及水电费、工资和房租的总和，即

$$每月固定费用总额 = 折旧+开办费摊销+管理费摊销+水电费+工资+房租$$

$$= 4167+2167+4167+10000+20000+20000$$

$$= 60501（元）$$

其中，前三项费用是在开店时一次性支付的，每月不需要再支付现金，每月不需支付现金的固定费用总额 = 4167+2167+4167 = 10501（元）。本例中房租是按月支付的，如果按季付、半年

付或年付,则需要按月进行分摊。

固定费用中的折旧费和摊销费应根据实际情况进行计算。

(6)计算菜品的边际贡献,如

$$单位菜品边际贡献(平均毛利)=平均售价-平均变动成本$$
$$=15-5=10(元)$$

$$边际贡献率(毛利率)=\frac{边际贡献}{平均售价}$$

$$=\frac{10}{15}$$

$$=67\%$$

(7)计算每天盈亏平衡点销售量和营业额,如

$$盈亏平衡点销售量=\frac{\dfrac{固定费用总额}{单位菜品边际贡献}}{30}$$

$$=\frac{\dfrac{60501}{10}}{30}$$

$$=202(份/天)$$

$$盈亏平衡点营业额=盈亏平衡点销售量\times单位菜品平均售价$$
$$=202\times15=3030(元/天)$$

通过上面计算可知,王某的餐厅的盈亏平衡点为3030元/月,也就是说如果每天按正常价格卖出3030元就能不赔钱。这样保持下去5年内可收回全部投资,中途不用再注入资金,但是最终将没有任何利润。

(二)第二笔账——现金平衡点

一般来说,餐厅开业之前需投资以下项目:支付加盟费(购买特许权)、保证金、培训费与管理费,以上几项是因为加盟而产生的。还包括购买前厅后厨设备、装修、支付筹建期人员工资等。餐厅开业后,每天的营业收入会增加现金流,购买原材料、包装物及支付水电费、工资等会减少现金流。现金每天有进有出,如果入不敷出就需要再次注资。什么时候才不必再注入现金呢?这需要计算现金平衡点。

餐厅的工资、水电费、原材料、租金等需要用现金支付,折旧、待摊费用等并不需要用现金支付,它们使每月的费用增加从而使利润减少,但这种变动只体现在账面上,那笔钱并没有花出去,只是记在相关的财务账户上。

餐厅每月现金收入只要能弥补工资、水电、租金、原材料,以及与加盟有关的需要用现金支付的开支,就不需要再投入现金,此时的营业额就是现金平衡点营业额。

简单地说,盈亏平衡点营业额减去折旧、待摊销费用等不需要现金支付的费用就是现金平衡点。前面的王某餐厅中的盈亏平衡点是3030元/天,每月的折旧和待摊销费用总额为10501元,其现金平衡点为

$$现金平衡点营业额 = 盈亏平衡点营业额 - \frac{折旧 + 摊销}{30}$$

$$= 3030 - \frac{10501}{30}$$

$$= 2680(元/天)$$

王某的餐厅开业后现金平衡点为 2680 元/天，即卖出 2680 元现金就能维持店铺的正常运营，不需要再注入新的资金。当然，保持此数永远也收不回投资，当然更谈不上利润了。

图 7-4-4

（三）第三笔账——利润满意点

投资的最终目的是要获得令人满意的利润，而不是保本经营。王某的餐厅何时才能获得满意的利润？不能等到年底或月底才知道，因为那时已经是结果了，无法改变。需要有一个能够实时监控的指标，可以随时了解餐厅的利润是否让人满意。这个指标就是利润满意点（图 7-4-4），也就是能实现令人满意的利润时的营业额，通常以天为单位。

利润是否满意可以用投资回收周期来界定，投资者可事先设定一个指标，即在多少个月收回投资比较满意。餐饮市场风险很大，通常在一年之内收回投资是可以令人满意的。如果预期一年内收回投资，利润满意点是多少呢？

王某餐厅总投资 48 万元，如果希望在 12 个月之内收回投资，此时预期的日营业额计算方法如下。

$$利润满意点营业额 = \frac{投资总额}{预期投资回收期 \times 30 \times 毛利率} + 盈亏平衡点营业额$$

$$= \frac{480000}{12 \times 30 \times 67\%} + 3030$$

$$= 5020(元)$$

投资者王某所犯的错误在于：错把现金平衡点当成盈亏平衡点，每天有现金结余就以为有利润，而实际上餐厅营业额根本没有达到盈亏平衡点，只是超过了现金平衡点，餐厅一直处于亏损状态。把亏损当成盈利，这是个大错误，这位投资者也够糊涂了。

盈亏平衡点、现金平衡点和利润满意点之间存在如下关系：

$$现金平衡点 < 盈亏平衡点 < 利润满意点$$

现金平衡点是餐厅的生死线，如果餐厅低于现金平衡点运营，就会发生现金流不足的问题，甚至很快就会倒闭。盈亏平衡点是盈亏临界点，低于此点餐厅就会赔钱。利润满意点是最终追求的目标，只有达到此点，才可能获得满意的利润。

▣▶ 任务实施

任务 1　假设你要在北京创办小饭馆，请你做一个资金预算表。

Note

实施思路：

（1）给餐馆定位，包括类型、规模、地理位置、受众群体等。

（2）可依据所讲预算表完成预算。

任务 2 请你以天为单位计算盈亏平衡点营业额、现金平衡点营业额及利润满意点营业额。投资总额 25 万元分别为：装修费 10 万元，设备费 10 万元，开办费 5 万元。开业后每月水电费 1 万元，工资 2 万元，房租 2 万元，餐厅每份菜品平均售价 15 元，平均变动费用 6 元（摊销折旧年限按 3 年计算）。

实施思路：

（1）认真读题，明确各种费用。

（2）找对相应公式。

（3）代入并求解。

≡▶ 评价检测

1. 评价表 见表 7-4-3。

表 7-4-3 评价表

评价内容及标准	赋 分	等级（请在相应位置画钩）			
		优秀	较优秀	合格	待合格
菜品开发时能够避免误区	25	25	20	15	10
菜品开发思路明确	25	25	20	15	10
明确并能够遵循七个步骤	25	25	20	15	10
有独到的创新点	25	25	20	15	10
总分	100	实际得分：			

2. 测一测

（1）投资收益是_____。

（2）成本费用通常分为_____和_____。

（3）餐厅运营中要算清三笔账，分别为_____、_____、_____。

（4）简要说明餐馆预算有哪几部分。

Note

≡▶ **小结提升**

（1）成本费用通常分为固定费用和变动费用。

固定费用：房租、人员工资、折旧、办公费、水电费、维修费等。

变动费用：加工、制作餐饮产品而发生的原材料耗费，包括主料、配料和调料等原材料的耗费。

（2）预算包括六部分：初期费用；租赁场地费用；装修、设备设施费用；家具和器皿费用；劳动力成本；运营费用。

（3）餐饮投资中三笔账的算法：盈亏平衡点、现金平衡点、利润满意点。

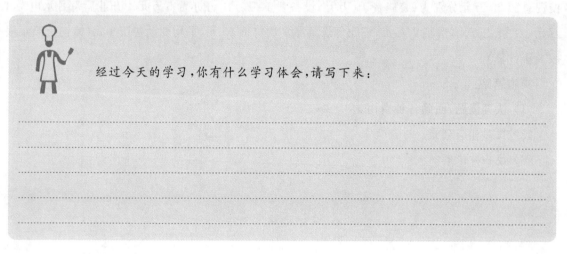

经过今天的学习，你有什么学习体会，请写下来：

≡▶ **拓展练习**

学习了以上知识，请你根据自己的喜好，结合自身情况做一个餐厅的投资预算，并计算三笔账。